寻味欧洲：接近完美

蔡澜／著

青岛出版社

图书在版编目（CIP）数据

寻味欧洲：接近完美 / 蔡澜著. – 青岛：青岛出版社，2018.2（蔡澜寻味世界系列）
ISBN 978-7-5552-6775-1

Ⅰ.①寻… Ⅱ.①蔡… Ⅲ.①饮食—文化—欧洲 Ⅳ.①TS971.205

中国版本图书馆CIP数据核字（2018）第025961号

书　　　名	寻味欧洲：接近完美
著　　　者	蔡　澜
出版发行	青岛出版社
社　　　址	青岛市海尔路182号（266061）
本社网址	http://www.qdpub.com
邮购电话	13335059110　0532-68068026
选题策划	刘海波
责任编辑	贺　林
特约编辑	梦太奇
插　　　画	苏美璐
设计制作	任珊珊　张　骏
制　　　版	青岛帝骄文化传播有限公司
印　　　刷	青岛名扬数码印刷有限责任公司
出版日期	2018年7月第1版　2018年9月第2版第2次印刷
开　　　本	32开（890毫米×1240毫米）
印　　　张	8.5
字　　　数	200千
图　　　数	25幅
印　　　数	10001-15000
书　　　号	ISBN 978-7-5552-6775-1
定　　　价	45.00元

编校质量、盗版监督服务电话　4006532017　0532-68068638
建议陈列类别：生活类　饮食文化类

目 录

第三章
闲情意大利 优雅年代

第四章

冰雪北欧 别样风情

第五章

伊比利亚半岛 一旦爱上 终生难忘

第六章
匈牙利、捷克 波希米亚

第七章
美食路上 理想皇宫

第一章

英伦三岛

把酒言欢

威士忌之旅（一）

大老远地跑到苏格兰，去看些什么？

首先，我们要明白，在地理上，英国并非是一个阳光灿烂的地方。印象中，英国总是阴暗、浓雾、多雨，和意大利的热情截然不同。与英格兰相比，苏格兰更是"穷乡僻壤"，土地贫瘠，蔬菜也种不好，大多数的日子处于严寒。人民在这里生活，并非易事。

但性格上，苏格兰人较英格兰人更纯朴、坚定。强烈的民族性令他们酿出味道强烈的酒。加上高原的清泉，更是令苏格兰威士忌迷倒众生。如果你是个酒鬼，不管你在哪里出生，喝惯任何佳酿，到了最后，总要回到苏格兰的单一麦芽威士忌的怀抱。我们这次要经历的，就是这种威士忌之旅。

午夜从香港出发，乘的是"维珍航空"。

　　空姐们年轻活泼。这条香港至伦敦的航线上，香港空姐占七成以上。问起工作情况，她们回答，老板布朗逊爱玩，也没有多少严厉的规则来管束她们，工作是轻松愉快的。

　　"维珍"是第一家用鱼骨形座位的公司，面积较为宽阔。要睡觉时可得叫空姐来铺床。把掣一拉，可以平卧，再加上一床厚被。大中小号的睡衣任拿，旅途是舒适的，一觉睡到天明。清晨飞抵伦敦，用了十一小时，转机再花一个小时，到达目的地苏格兰首府爱丁堡时，已是早上十点钟左右。

　　机场离市中心只有九英里（约 14.5 千米），一点也不远。酒店还没有准备好，离午饭还有段时间，我们就先去市内走一圈。市区分老区和新区，山上是著名的爱丁堡古堡，路容易认。

　　市标是一个尖塔，底阶有一个像，纪念沃尔特·司各特爵士（Sir Walter Scott）。他所著的《罗布·罗伊》（Rob Roy）《湖上夫人》（Lady of the Lake）等至今还流行，也都拍成了电影。

　　路经一酒吧，以"歹徒"为名。据说这个"歹徒"早上帮人制锁，晚上偷着来开。这个人物被另一个作家史蒂文逊当男主角，写了名著《化身博士》（Dr. Jekyll and Mr. Hyde）。他还有《金银岛》（Treasure Island）和《绑架》（Kidnapped）等脍炙人口的小说。

　　爱丁堡是一个灰暗的城市。我们去的时候正值初夏，阳光普照，但也留下黑漆漆的印象。那是因为老建筑物都以砂岩为外墙，长了霉菌后全变黑了。若要将其洗刷干净可能得将国库清仓，还是免了吧。

　　司机把我们载到全市最老的百货公司——"詹纳斯"（Jenners）。"詹纳斯"在 1838 年创立，有一百多年了，外墙也是那么灰灰暗暗的，里面的东西更是老土。其实，在香港买惯东西的人，都会有此感觉，就算其他几间卖最流行商品的也不会引起你的购买欲。但是我们来到苏格兰，就要找有特色的商品，如羊毛线。

　　"詹纳斯"有一面墙，布满了各式各样、大大小小的纺织材料，堪称全球最齐全的。喜欢在家织毛线衣的人看到了一定大乐。

　　是时间吃午饭了。车子路经海岸，看到岸边泊了一艘船——退休的皇家游艇"不列颠尼亚号"（Britannia）。这艘船当今成为观光景点之一，也可以在里面喝下午茶。

　　"渔夫"（Fishers）是码头上的一家海鲜餐厅，由一座灯塔改建而成。我们先吞一打苏格兰生蚝。虽然不是应季生蚝，但仍鲜美无比。其中，也有几个饱满的，味道可真不错，不逊于法国铜蚝。尤其听到生蚝来自设得兰群岛（苏美璐住的小岛）后，更感亲切。接下来的海鲜是煎带子、蒸鲑鱼，最后烧的一大块羊肉软熟无比。

　　侍者是地道的苏格兰女郎，身材高大，样子端庄，英国人形容为"Handsome"，不是"英俊"之意，而是这类令人入迷的典型英国女子。我很想和她拍一张照片留念，但又老又丑的老板娘拼命挤上前来合照。无可奈何，放大照片后把她裁掉好了。

　　"渔夫"有三家店，这家最正宗。

威士忌之旅（二）

还没上"皇家苏格兰号"火车之前，先举行个仪式。接待人员带我们到爱丁堡的购物街"黄金一里"（The Golden Mile）去。我找到一间叫"Kilt House"的店，专做苏格兰裙子。苏格兰裙子可在火车晚宴中穿。

男团友都有兴趣，有的租，有的买。前者是全套的，包括鞋子，袜子则是新品赠送。

各种颜色中，又蓝又绿的最为传统。其实，你爱穿什么就是什么，也有些像晚礼服的全黑的。我选了一条枣红色的。

"裙子里穿不穿底裤？"这当然是众人第一个入脑的问题。答案是从前不穿，当今都穿。

"不穿的话，裙子被风吹起来怎么办？"这是第二个问题。

原来还有一个银包，各式各样，有的卖得比柏金皮包还贵。这个银包很重，缠在腰间，坠在生殖器上方。这么一来，就不怕

风吹了。整套的租金约一千港币。

长袜中还要藏一柄小剑，用来割开苏格兰名食"哈吉斯"（Haggis）。

"黄金一里"有很多商品，都是些香港人认为不起眼的货物。但有家店可以推荐，那就是"约翰斯顿"（Johnstons），连黛安娜王妃也曾来光顾，质量很好。和意大利的名牌一比，这里便宜得很。我喜欢的是圆领的羊毛衫，紫色系列的，要了浅、中、深三件。单调里起变化，才好玩。

午饭在附近的"Bhbh Prais"（注：餐厅名）解决。地方小得不能再小，又是地下室，但几乎世界上每个著名的电视饮食节目都要来拍。我发现许多好餐厅都有这种简单的白墙黑招牌装修，今后选择也可依此定律，很少出错。

招牌菜是"哈吉斯"。做学生时读过罗伯特·彭斯（Robert Burns）的诗《羊肚脍颂》（Address To A Haggis）。一直不知道"哈吉斯"是什么东西，现在根据老苏格兰人的解释：

"哈吉斯"是一种食物，把羊的心、肝、胃剁碎，加洋葱、麦片、板油、香料和盐，再入高汤煮。把全部食材塞进羊胃里，蒸三小时而成。

它也算另一种类的香肠，可以填进羊肠中，吃时还要配上"Neeps & Tatties"，苏格兰语是"芜菁甘盐、黄萝卜和马铃薯"。正式的"哈吉斯"餐，要有一杯"Dram"，那就是威士忌！

总之，这和潮州人的猪肠灌糯米异曲同工。我当然认为我们的比"哈吉斯"更好吃，但苏格兰人绝不会同意。

一客长形、小枕头般大的"哈吉斯"热腾腾地上桌。我们正想举起刀叉时，慢点慢点，原来又有一个仪式：一名穿着整套苏格兰军服、头戴巨型貂毛火柴头帽、手提着风笛又吹又奏的光头大汉走了进来。他奏完数曲之后，念完"罗伯特·彭斯"的诗句，才可以正式开始。

大汉拿出刀剑，把"哈吉斯"割开。但不能吃，这只是表演用的。厨房里把它分成一份份的，先煎一煎，再分给大家。有些人看到有羊内脏，怕怕。吃进去才知没什么异味，满口糊而已，并非什么值得大惊小怪的事。我最欣赏的，倒是那杯"Dram"。

问店主，"哈吉斯"里面的东西，一定是那几样吗？答曰各师各法，这只是一种烹调形式，塞什么进去都行，而且现代苏格兰人嫌麻烦，也不用羊胃来装，只是倒进一个模子中做出来。

接下来的苏格兰传统菜都是煮、煎、烤的，没有什么值得一说。最后的甜品"Atboll Brose Parfait"，是用"Drambuee"酒来做冰激凌，倒是我最爱吃的。

又是饱得不能再饱的一餐。一出门口，那位风笛大汉已在等待。他当开路先锋，一面大鸣大奏，一面前行。在爱丁堡威弗利（Waverley）车站的十一号月台，停着一列十多节车厢的火车，被漆成深紫颜色。火车头不是想象中的蒸汽的，而是电动的。我们跟在风笛大汉后面，走入车站，步入车厢，好不威风。旁边的人都以羡慕的目光望着这队东方人。

"The Royal Scotsman"（皇家苏格兰号）字眼漆满所有车厢，一共只载三十六位客人，分布在十四个双人套房、两个单人房中。还有两节餐车，一个布满沙发的客厅，最后是个瞭望台，也只有在瞭望台可以吸烟。

全车给我们包下了，再怎么喧哗也没人干涉。这是我们旅行团最过瘾之处。

观察房间，当然没有邮轮中那么宽大。床有两张，洗手间还算舒服，化妆用品高档。

那个一身军服的风笛大汉有两笔大胡须，每张纪念明信卡都有他的照片。他挥着手，目送我们离开。

服务员先进行自我介绍，奉上鸡尾酒。不喝鸡尾酒的人可享用下午茶、点心和餐厅中任取的樱桃。一切酒水都包在费用内，可以喝到醉为止。

车开始行进，速度愈来愈快。看到远山及山上的黄花、河流、草原、羊只。可能是夏天草长得茂盛，绵羊只要吃一个地方就够，不用跑来跑去。远远看去，绵羊们好像动也不动的大玩具。

车子进入高地（Highland），在 Dalwhinne（注：地名）停下，我们到第一个酒庄参观。

威士忌之旅（三）

威士忌有"Whiskey"或"Whisky"两种拼法。它们都是对同一种酒的称呼。我们到酒吧，通常只是说给我一杯"Scotch"，就表示要喝的是苏格兰产的威士忌，别的地方以同样做法酿制的酒，都不可叫"Scotch"。

我们最先熟悉的威士忌，只是尊尼获加（Johnny Walker）、芝华士（Chivas）、百龄坛（Ballantine）等。早年，杂货店从苏格兰乡下买来一桶桶威士忌酒，并没有名字，混合后便以店名称之，逐渐变为品牌。

当今的时尚人士大多喝单一麦芽威士忌（又称单麦威士忌），以为混合威士忌就不行，其实后者当中的佳酿并不少。

单一麦芽威士忌（Single Malt Whisky）是什么？首先，我们有必要将它分开来解释：

"Single"（单一），是指单一厂家生产的；而用一个原桶装出来的，叫"Single Cask"（单桶）。混合麦芽威士忌，其实是用很多不同木桶装出来的威士忌调制成的。

而"Malt"是指麦芽，把大麦浸湿了，让它长出芽来。其他谷物，如小麦、裸麦和玉米等，都不能用这名称。

既然来到苏格兰，混合威士忌不是我们兴趣所在，要看的当然是单一麦芽威士忌的酒厂。

火车慢慢地向苏格兰高地进发。在顶峰的一个小车站停下，我们就去喝"下午酒"。

我们参观的是一个名不见经传的小酒厂，和车站同名，叫"达尔维尼"（Dalwhinnie）。

酒厂有两座典型的塔，是蒸馏过程的通风处。塔顶是尖的，尖得有点像东方的塔形，是迷人的建筑焦点。这种塔在今后经过的许多酒厂都能见到。

其实看过一家，其他家的就不必看得那么仔细了，大同小异。用来制造威士忌的器具齐集其中：磨大麦的磨、碎麦芽的磨、糖化槽、发酵槽、冷凝器、烈酒收集槽。我们还去参观了木桶存放处。

蒸馏器给人留下的印象最深刻，有的样子像一个巨型的反转烟斗，有的上小下大，像个大葫芦。蒸馏器都是铜制的，擦得光亮耀眼。

　　大批的大麦被送入厂中，由机器碾裂，洒水，放在地板上让它发出芽来。厂长坦白地说："当今酒厂都省略这个步骤，由专业麦芽厂处理，向他们买麦芽就是。你们看到的也只是展示用，整个苏格兰，也只有五家酒厂是自己处理麦芽的！"

　　"发芽大概需要多少时间？"

　　"十二天左右。胚芽破出胞壁后，释出淀粉。如果让它不断长大，它会分解及利用淀粉，蒸馏后的酒精量就减少了。"

　　"那要怎么阻止？"

　　"得烧泥煤（Peat）来烘焙，让大麦停止发芽。"

　　"泥煤？"

　　厂主拿出一条条黑漆漆的东西："泥土遇到高温或高压就会变成煤。泥煤是未成为煤之前的形态，也可以燃烧，它发出的味道直接影响威士忌。比如'艾雷岛'的味就很重，喜欢上的人爱得要死，讨厌的一闻就跑开。"

　　麦芽焙干后经过机器磨粉，放入大桶加水混合，成为"麦汁"。这个大桶就叫糖化槽。

　　接下来将"麦汁"放进发酵槽中，加入酵母，"麦汁"中的糖分会在酵母的协助下产生酒精，但很稀薄。

　　这时，大烟斗式的蒸馏器发挥作用。液体加热变气体，又经冷却桶，变成酒精。蒸馏时间愈长浓度愈高，最后取得的，有七成以上是纯酒精。

但到底有多少度呢？朋友们一定会问。

度，英文"Proof"，是一个很容易混淆的概念。内地说六十度，就等于百分之六十的酒精。其实用英国的算法，百分之四十的酒精，已有七十度。而美国的算法更简单，二度等于百分之一的酒精，八十度的威士忌只有四十度的酒精。因此，苏格兰威士忌从不写多少度，只写百分之多少。

蒸馏出来的酒是百分之七十多的，那么不得烈死人吗？

不，不，还要调了水，再存入橡木桶中。在酒瓶标签上写着年代，如十年或十五年。此年份就是指存放在酒桶十年或十五年了，跟红酒的多少年酿制的算法不同。而且，各位请别相信你家中藏了三十年的就是陈酒，威士忌一入玻璃瓶中，发酵就停止了。经挥发，你感觉上口味更醇罢了。

木桶的好坏和酿入什么酒最影响威士忌的味道。苏格兰威士忌蒸馏商长途跋涉，跑到西班牙、美国去寻求适合的橡木来制造木桶，但从不用新的木桶。

最好的选择是藏过雪莉酒（Sherry）的西班牙橡木桶。雪莉酒在西班牙酿完后，其空桶被运到苏格兰来藏威士忌。威士忌酒厂还会免费把新木桶供应给雪莉酒酒厂，西班牙人当然大乐。而雪莉酒，说也奇怪，味道有点像中国的花雕酒。

也有用美国的橡木桶的。这些桶藏过美国威士忌波奔（Bourbon），但都被认为是次等货。

参观完制酒过程，最大的乐趣莫过于在售卖部试饮。"达尔维尼"十五年的酒，味道强烈，但很容易入口，被迈克尔·杰克逊（Micheal Jackson）评了 76 分。此"迈克尔"非彼"迈克尔"，他是威士忌的"酒圣"。

最后还是买了三四瓶换两个木桶浸出的"Double Matured"（二次熟成），被"酒圣"评分 79 分。

拿回火车上，吃饭时喝个精光。一乐也。

威士忌之旅（四）

火车行进，略有摇晃。本来酒足饭饱，很容易入眠，但在经过丛林时，有些树枝擦过车顶，沙沙声不绝于耳，扰人清梦。正那么担心时，火车停下了。原来到了晚上，火车是停在车站不运行的，大家可以安心睡个好觉。

一觉醒来，呼吸着苏格兰高地的冷空气，人特别清醒。阳光射入餐车，是时候来一顿真正的"苏格兰早餐全套"了。

所谓"苏格兰早餐全套"（Full Scotish Breakfast），当然有两个蛋。任何形式随你喜欢，煎、炒、水煮、焓熟或奄姆烈（属于煎蛋类，其中加入洋葱、马铃薯等食材）。胃口好的可以要三粒，注重健康者可要求只吃蛋白。

接着是烟肉（又名培根，是将煮肉熏制而成的）和香肠，分量都极大。再下来有西红柿煮豆、一大碗麦片汤和一大块"哈吉斯"，另有一块带甜味的黑布丁，当成甜品吧。蘑菇不可缺少，

用的是碟子般大的巨菇。洋葱煎得软熟。有个英式"薯仔包"（Potato Scone），还有半个西红柿。吃不吃得完是你的事，反正套餐就是那么多。

　　胃口好的话，可以另叫熏鱼、小牛排或小羊排，全部免费任食。

　　午餐的变化比较少，多数是以海鲜为主，有鱼和当地小龙虾。有时也煮成一大锅汤，像法国马赛的"布耶佩斯"。当然，还有吃不完的各式面包，配以各式的牛油和果酱。

晚餐就丰富和隆重多了。各人换上苏格兰裙子的整套礼服，但不包括衬衫和领带，上衣部分让我们自由发挥。十几个男士，浩浩荡荡，围起来拍一张照片留念。

饭后移师到酒吧车厢，有苏格兰乐队正在表演。待音乐由哀怨小调转到激烈节拍的舞曲时，大家纷纷起舞。醉了，连相貌普通的女侍应也当成美女，跳个不停。

火车南下，经过众多名厂，包括斯佩塞德（Speyside）、格兰威特（Glenlivet）、格兰菲迪（Glenfiddich）和百富（Balvenie）。其中，百富是我们爱喝的。创始人珍藏（Founder's Reserve）只是十年的，也很喝得过，被评85分。同厂的双桶单一麦芽威士忌（Double Wood）十二年的更好，评分87分。也有带甜味，用波特（Port）酒桶藏的波特桶单一麦芽威士忌（Port Wood）二十一年，88分。没有标明年份的陈年桶单一麦芽威士忌（Vintage Cask）也是88分。

接下来，我们访问一个有四百五十年历史的庭园和住宅，参加各种户外活动。活动包括山中散步、骑小马、骑单车、射箭、开猎枪、溪畔钓鱼，和最懒惰的"乘巴士周围走走"。

最多人挑选的活动是射击。别的地方可能只让你开一两枪，这里一给就是几盒二十四粒的散弹。有些团友玩不厌，打了将近两百发，肩膀差点脱臼。泥制的鸽子，虽然只打碎了三四只，但仍大呼过瘾。

有耐性的人去钓鱼，当然只钓到一两条小得不能再小的鱼。

垂钓者通常会到菜市场买些大的鱼展示给友人看。但至少这个经验让人学到什么叫"飞钓"——那是用一长竿把线抛得远远的再收回来的一种钓法。

喜欢剧烈运动的话，可以乘小橡皮艇沿急流直下。一路水花飞溅。虽说五月初的苏格兰天气宜人，但是浸了一身水，一定会冷得抖个不停。

散步最舒服了，有专人引导，为你指出此树叫什么名字。对此没兴趣的人听了就抛到脑后，我则用手机逐一记下。有一个叫"印象笔记·墨笔"（Penultimate）的应用软件，当成记事簿最理想。返港后，我对照花名、木名一一翻查字典，看看中文是什么。

乘巴士四处游，翻山越岭。我看到的苏格兰牛，比普通水牛要大三倍，绝不骗你。给人留下更深刻印象的是鹿。你记得《女皇》一片中那只绝世无双的巨鹿吗？在野外看到，那是你的幸运。倘若你没有女皇命的话，可到鹿场去看。

所谓鹿场，也是野生放养，围起来不让鹿走失而已。其中一群贪吃的，变成了驯养鹿，听到游客一到就集中起来，从大家手中取食麦片。这种鹿，和我在奈良看到的又有不同。想到有些鹿将成为桌上食，心有不忍，赶快离开。

所有活动暂告终止，我们来到了主人的家。那位不知道是多少代的园主夫人，打扮得漂漂亮亮的，亲自出来讲述其家族的历史。我没兴趣听，偷偷地四周走走，看看建筑是怎么一个样子。

大厅中当然有个大壁炉。天虽然不冷，但壁炉中也生了火，反正森林里的柴木是充足的。壁上挂满家庭成员的肖像和风景油画，房间各有特色。从前有一种说法，世上有三样东西最好：美元、日本老婆和英国屋。当今其他两样都变了，但英国屋还有它的风貌。你可以看到，主人和太太一定住在不同的房间，才明白特色在此。美国人绝对不懂，不管房子多大，还是要硬着头皮睡在一起。

洗手间最舒服了，有普通人家的客厅那么大，整整齐齐，干干净净，有椅子，有沙发，有书架。在一点异味也没有的环境下梳洗，是一种多么高级的人生享受。

厨师是一位女士，名叫诺玛（Norma）。在供应了茶和咖啡之后，她拿出做得最出色的英式甜饼"黄油酥饼"（Shortbread）。我们吃的白糖糕是用米做的，英国人则用面粉做，只是加白糖而已。成品非常美味，连我这个不爱吃这类只填饱肚皮东西的人，也连吞几块。我跟她要了一张配方：

八盎司（1盎司相当于28.35克）的面粉，八盎司的牛油，四盎司的米粉，四盎司的粉糖。混合之后切成块状，放入焗炉，以175℃烘至表面金黄为止。

原来秘诀在于加了米粉，回香港一定试做。

火车又开动了。

我们将去全苏格兰最大的酒厂"麦加仑"（Macallan）喝个痛快。

威士忌之旅（五）

火车在斯贝塞（Speyside）停下。麦加仑酒厂是巨大的，与众不同的。

年轻的公关经理笑嘻嘻地相迎。她的讲解声音嘹亮，加上变化无穷的手势，简直是一位舞台演员。她指着远方另一座大得不得了的酿酒厂：

"这是新建的，为了世界市场，我们不得不扩建。"

"什么世界市场？"我心中说，"是东方市场。"

"麦加仑"在全球的崛起，全靠他们用的大麦。此种大麦称"黄金的承诺"（The Golden Promise），为苏格兰特有的品种，能酿出个性强烈的威士忌来。

另一个成功因素是他们坚决使用西班牙的橡木桶。他们将橡木桶免费提供给西班牙酒庄储藏雪莉酒，两三年后才运回苏格兰浸他们的威士忌。

　　这两个重要因素配合好，才能生产出完美的"单一麦芽"佳酿。在 1993 年，一瓶六十年的就卖到破纪录的八万七千港币。但数年后，稀有年份系列（Fine & Rare Collection），变成三十万港币。当今价格翻了又翻，三十万港币算便宜的了。

　　在酿酒厂走了一圈，我们最感兴趣的当然还是试酒。该厂权威的试酒师先将一张纸铺在桌面，画了几个不同颜色的圆圈，写着"新酒"（New Make Spirit）、"雪莉橡木桶十二年"、"雪莉橡木桶十八年"和所谓的"雅致橡木桶"（Fine Oaks）二十一年和三十年，共五种酒。

　　我们喝完"雪莉酒橡木桶十八年"，向试酒师点点头，他微笑赞许。最后，我们指着藏在玻璃柜中的特级珍藏（Gran Reserva），翘起手指，还问他有没有麦加伦（The Macallan）或三十年的燕麦雪莉酒（30-Year Old Sherry Oat）。此二酒，皆被"酒圣"评为95分。

"那是既优雅又古老的年代了。"他感叹说。

言下之意，我们当然很了解。因为"黄金的承诺"太珍贵，1994年以后，只用百分之三十。而当今的"雅致橡木桶"，是为了应付亚洲人不断的需求而混成的，大量使用美国的橡木桶。

走出来时，看到一辆卡车，是专门运送"威雀"（The Famous Grouse）的。我在"镛记"常喝"威雀"，甘健成兄叫它"雀仔威"。我问公关经理，这辆车来这里干什么？她笑着说："问得好。它是我们的附属公司。"

回到爱丁堡，我们游完古城，在附近随便走走。有一家威士忌博物馆，里面有数不尽的牌子让客人试饮和采购，不过若要找高级一点的佳酿，还得到那家叫"皇家一英里威士忌"（Royal Mile Whisky）的店里找。

威士忌为什么那么诱人？难道白兰地不能代替它？要知道，白兰地的糖分实在高，浅尝无妨，喝多了会生腻。哪有一个地方的人，像上二十世纪七八十年代的香港一样，一上桌就摆一瓶白兰地，喝个没完没了？

　　恕我不懂得欣赏愈卖愈贵的茅台，要是能喝到一瓶真的已算幸运。要是叫我选，同样的烈酒，我宁愿喝意大利的"果乐葩"（Grappa）或俄罗斯的伏特加。

　　至于喝法，混合的威士忌可加冰，但也得把冰凿成一个橘子般大的圆球，由酒保慢慢雕出来。当今的冰球都是速成的。日本人发明了一个压缩机器，用热水融化巨冰而成，已不太好玩了。

　　真正的单一麦芽威士忌，能藏十年已不易。为了保存雪莉橡木桶的香味，还是纯饮较佳。有些人会淋上几滴水，说来也奇怪，味道散开更香。

　　苏格兰的地理环境寒冷严峻，几乎长不出蔬菜来，生活不易。在别的地方的人看来，他们太过孤寒，关于他们的笑话更是一箩一箩的。他们能够喝一口好一点的，已觉幸福。什么十年二十年，碰也没碰过。我们必须怀着这种心态去了解他们，了解威士忌。

　　这次威士忌之旅，印象较深的有乐加维林十六年（Lagavulin 16）、布朗拉三十年（Brora 30）、云顶三十二年（Springbank 32）。皇家格兰乌妮三十六年（Glenury Royal 36）和格兰花格四十年（Glenfarclas 40），感觉有点过分。

　　如果牌子不出名的话，高龄酒也不是很贵。香醇度不变，主要是看是不是用雪莉橡木桶浸出来的。用"麦加伦十八年雪莉橡木桶"浸来的，比"雅致橡木桶"的二十五、三十年的好得多。

威士忌做得好，啤酒也一定好。小厂做的白啤酒（Harvest Sun）和黑啤酒（Midnight Sun）味道一流。但说到最好的，当数用橡木桶浸过的苏格兰精酿啤酒（Innis & Gunn），包你一喝上瘾。

离开苏格兰之前，我们到码头一家叫"基钦"（Kitchin）的餐厅去。这里被誉为苏格兰最好的餐厅。首先上的是冷茴香汤，头盘吃鳗鱼和葱，接下来是烧剃刀贝，主菜为猪颈肉和带子相配。另有比目鱼、野鸡、芝士和甜品，一共八道菜。众人吃后大赞，值得推荐。

主厨汤姆·基钦（Tom Kitchin）是位谦逊的年轻人，他不断学习，当今已是"米其林一星厨师"，今后获"三星"绝对没有问题。

圣约翰餐厅

晚上，到圣约翰餐厅（St. John）去"朝圣"。这是我认为全伦敦最好的一家餐厅。它就开在肉市场的旁边，很容易认，招牌上画着一只猪。

对了，吃猪，非到这家餐厅不可。大厨佛格斯·亨德森（Fergus Henderson）的名言是："在我这里，一只猪可以从头吃到尾。"

每次拍照片，他手里都拿着一只猪头。猪头是老英国人最陌生的食物，就算当今的客人，看到我们吃烤乳猪，把那个猪头切下来放在碟子上，还会大感惊奇，纷纷拿起相机拍照。

整间食肆的气氛都是吃和喝，完全没有西餐的拘谨，客人大声说话，其乐融融也。

楼上有一个大酒吧。穿白色制服的女侍应，样子有点像蒂尔达·斯文顿（Tilda Swinton），亲切地向我介绍各种英式啤酒。

　　头盘上桌，当然是这里的招牌菜——烤骨髓了。大碟里立着十几根大骨头，烤得香喷喷的，又给你提供日本人挖螃蟹肉的器具，让你把骨髓刮得干干净净。团友们一吃就大呼过瘾。

　　有些人怕太油，只试了一根。但喜欢吃的，一根绝对不够。餐厅也不介意，要多少有多少。我连吸了八根大骨头才罢休。

　　这道菜已被许多英国餐厅抄袭，但没有一家做得比圣约翰餐厅更出色。

　　接着上来一条大鱼。英国人都不碰鱼皮，我们则专剥皮来吃。侍者走过，竖起拇指。

　　芝士和甜品的分量也是大到吃不完。

　　这一餐，没有一个不满意的。

萨伏依酒店

看到萨伏依酒店（Savoy）窄小的正门，没去过伦敦的团友问："这是不是一流的酒店？"

"绝对一流。"我笑着说。

进了门，见到大堂，走入房间，大家才惊叹这间酒店的高雅。

世界上有很多高级旅馆，最好的当然是有历史的建筑，但这些旅馆时间一久必失修。气派存下、设备新颖、兼顾新旧的，也只有巴黎的"乔治五世"、布达佩斯的"格林罕皇宫"和伦敦的"萨伏依"了。

萨伏依酒店用了三年时间重新整修，2010年才完工，据说花了两亿英镑。这是人生必住的酒店之一。

酒店地点在伦敦的"心脏"，处于凹进街中的位置。昔时，为了方便马车进出方便，连前面那条路也改为靠右通行。这是全英国唯一的靠右通行的街道。

　　旁边有家剧院，建筑得很特别，在地底下。"二战"时，尽管德军日夜轰炸，这里的戏还照样上演。名流穿梭，更不在话下。

　　我的那间房也曾有名人住过。宽阔的浴室，已有美国连锁集团的普通房那么大。

　　老酒店的最大好处是楼层高。我一住进楼层矮的楼，就全身不舒服起来。这是很坏的习惯，一定要改正才行。

　　从餐厅可以望见的河流就是泰晤士河了。从后门走出去，晚上可在河边散步。虽无塞纳河的浪漫，也是乐事。

　　酒吧里的威士忌齐全。原本以为这里的威士忌都是来自苏格兰的，怎知道还有来自日本的。

伦敦九龙城

九龙城，于香港有它独特的地位，人们一谈到美食就会想起它。街市里的肉类和蔬菜都是最新鲜的，附近水果店进的货也是最高级的，周围食肆林立。能在这里打响名堂，等于在少林寺打过木人巷，到香港任何地方开店都有把握。

各个大城市都有一个九龙城吧？伦敦的九龙城叫"博罗市场"（Borough Market），很容易找，就在伦敦大桥的南端。酒店的服务台会给你明确的指示。

自十三世纪开始，食物从海外运到英伦三岛，在此地上岸，这里很自然地变成了一个街市。这个市场老得不能再老，至今仍保留着一些昔日风貌。

一到市场，各种食物就让你眼花缭乱。最先引诱你的是一阵烧烤味。圆形的大鼎中，放着斩件的鸭肉，煎得香喷喷的。什么？英国人也吃鸭？不止鸭，什么肉类都有。要一份，用个纸盒装着，

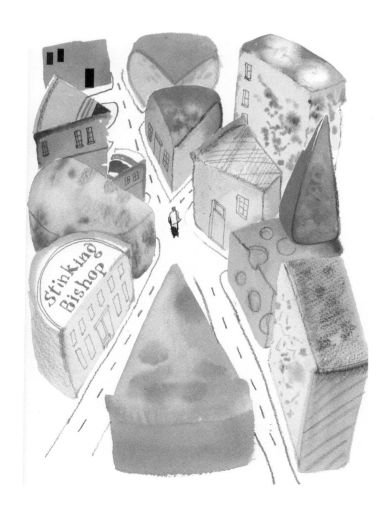

试了一口，奇怪，一点也没有想象中那么硬。柔软多汁的鸭肉，配上面包，已是丰富的一餐。

像臭豆腐一样传出异味的是那家"Neal's Yard Dairy"（注：餐厅名），店里从墙壁到架子，塞满了英国各地出产的芝士，大的像货车轮胎那么大，小的似乒乓球。

向店员要你喜欢的，牛的或羊的，软的或硬的，他们都会毫不吝啬地切一片给你试味，吃到你不好意思不买为止。出了名的"臭教主"（Stinking Bishop），和其他品牌一比，根本没那么臭。天外有天。

推车小档卖的是最合时宜的蔬菜和水果，当下最应季的是白芦笋，一大束一大束的，价钱不高。

又有熟食档，卖英国人喜欢的猪肉派。先用面做个饼，把猪肉碎炒后填入，盖上面皮，就那么焗出来。个头很大，一个包你吃饱。另有从前英国穷人的小吃鳗鱼啫喱。当今，野生鳗鱼少了，也没多少人会做，这道小吃卖得像西班牙火腿那么贵。

在鱼档中，能看到全英国的海产，时下最肥的是我们叫"蛏子"的剃刀贝（Razor Calm）。此物可以生吃，我上次来拍特辑时曾试过，经过的人看得哗然。鲑鱼最多。我一向反对吃这种带异味的鱼，但那是挪威水产。从苏格兰空运而来的鲑鱼则完全不同，吃进口，只觉肥、甘美，一点怪味也没有。这次旅行，我吃了很多。

走到市场深处，看到一些卖"健康食物"的店铺。当今流行"健康食物"，亦有市场。我则对其一点兴趣也没有，快步走过。见一卖面包的店铺，面包有洗脸盆那么大，表皮像花菰般裂开。英国友人说这种面包最香。这种用来填饱肚子的东西，我也不多看一眼。

又闻到香味，这是家西班牙人开的店，专卖各式各样的米饭。数人合抱的大锅，一个连一个，几种口味任选。米饭被装入纸盒中，一份份地卖。可见，无论在什么地方，米饭还是很受欢迎的。

想要吃贵一点的？市场对面有家餐厅烤海鲜，炭架上摆满"壳牌"汽油商标般的大贝，已打开一半，露出饱满的肉和红红的蚬膏，有很多人在排队。购入海鲜后可到里面的酒吧，叫一大杯啤酒喝。啤酒是英国人不可缺少的饮品。

回到肉档，有家专门卖野味的，其中鹿肉最多，其次是野鸡、大雁和肥鹅。猪头被挂了起来，还有各种猪内脏。昔日的穷人都很会烹调，如今当成野味来卖。

说到猪，这里有一家做得出色的，叫"Roast"，由"Art Deco"（注：一种艺术装饰风格）式的建筑改造。

吃饱，当然得找甜品。市场里有家卖意大利冰激凌的，冰激凌浓得黏底。店员要用很大的力气才能挖出一粒球来，将其放在饼筒上。一筒卖十英镑，别说不贵。

便宜一点，可到另一家去买一份烤梨。把极甜的梨放入烤炉中焗出来，再加芝士酱，当成甜品或沙拉吃都行。英国人缴税缴穷了，就会买这么一客来充饥。

任何市场都卖鲜花，这里也不例外。各式玫瑰是英国特色，芍药大概是从荷兰输入的吧。英国诗歌中芍药或牡丹很少出现，以水仙花居多。虽说鲜花和食物没有关系，但同样浪漫。

如果你要去博罗市场，那请你记住开场时间。这里一个星期只做三天：星期四的上午十一点到下午五点；星期五的中午十二点到下午六点；星期六最早，从上午八点至下午五点。

Roast

我一直说，英国伦敦的博罗市场很像中国香港的九龙城街市。如果我住那里，一定会在附近买间屋子，每天往菜市场跑。

蔬菜、水果、鱼和肉，应有尽有，还不会忘记贩卖鲜花。英国的玫瑰和芍药，都便宜得令人发笑。

大排长龙的档口有好几家，卖炒鸭肉的、烤海鲜的、西班牙饭的。其中有一家做的烧肉，和中国的一样，就在"Roast"餐厅旁边。原来这是"Roast"的外卖部，专售该店名菜，和"镛记"的饭盒档相似。

"Roast"餐厅开在旧仓库中，高楼顶，全白色装修。这种方式非常流行，简简单单，以食物取胜，不必花重本。

巨大的落地玻璃加上拱形窗户，相当于整栋墙壁都是透明的。阳光直射进来，给客人一种温暖、开朗的饮食环境，是家理想的食肆。

　　大厨曾在丽池酒店和其他名餐厅工作过，专攻英国菜。烧烤是他最为拿手的，但并非放在火上烤那么简单。他做的烤猪，皮脆肉嫩。牛肉则是挑最好的橡木慢慢烟熏出来的。

　　这家英式餐厅是一个印度人开的。他在英国接受教育，办了份杂志并大获成功，后来转攻饮食业，开了著名的肉桂俱乐部（Cinnamon Club），像"客家山"一样的装修，改变了印度料理的形象。据说，他后来还获得了"OBE 勋章"（官佐勋章）。

　　餐厅既然开在街市中，一定一早就做生意。如果你起得早，又不想在酒店吃早餐的话，就去"Roast"餐厅吃一顿丰富的英式早餐吧，包君满意。

第二章

浪漫法兰西

饕餮之旅

法 国 早 餐

法国酒店也包早餐，食物比意大利的早餐丰富得多。至少，他们还有热的食物可吃。

煎蛋、香肠、腌肉，都是热的。

为什么意大利人不吃热的东西？也许是因为他们的天气已经够热了吧。

法国南部的自助餐台上，常摆着一篮刚从树上摘下来的水果，有又肥又红的樱桃，也有当季盛产的梨和桃。有时，这些水果被装在一个木箱中，整箱任选，给人留下很深的印象。

新鲜水果对一个正在旅行的人很重要。肉吃得太多，生理会起变化，需要用水果来调理，要不然一直坐长途车会很辛苦。

茶放在进门的第一个位置，虽然只是茶包，但有许多种类。法国人的喜好受英国及意大利的影响，徘徊在茶和咖啡之间，不像意大利人只是一味喝咖啡。

　　当然，还有他们的长棍面包，皮不硬，中间更是膨松，像一进口就化掉似的，让人百食不厌。更有羊角包，全世界都跟法国人学做，当然是在当地吃的最正宗不过了。

　　果酱放在大玻璃缸中，任客人自取。法国人认为用锡纸包装是"邪道"，连放入小瓶的英雄牌（Hero）也看不顺眼，非一大缸一大缸地装不可。

　　奶酪倒是可以接受塑料和锡纸包装的，但这种食物是给外国游客吃的，法国人不去碰，好像对它的兴趣不大。

　　美国人发明的麦片不受法国成年人欢迎，但法国小孩吃得津津有味，可能是他们的父母为他们淋上了蜜糖的缘故吧。

　　法国人大都很有礼貌，迎面一声"早安"。也许是因为我身在普罗旺斯区，法国南部的人没巴黎人那么讨厌吧。

　　在自助餐厅里，他们吃多少拿多少，碟子绝不装得满满的，也不会吃不完剩在那里，可见有点教养。这是在意大利看不到的事。

大　　师

　　在法国保罗·巴古斯（Paul Bocuse）是一位传奇人物，早在数十年前已经是"三粒星"（米其林三星）的一级厨师。在欧洲，要想得到"一粒星"已经不容易了，"三粒星"还得了？他开的餐厅无数，在澳洲的墨尔本也有十家。

　　无论保罗去哪儿，都会有人拿纸和笔请他签名，他的地位比很多明星都要高。遇到狗仔队，保罗总是双手叉在胸前，作戴高乐状，让他们拍个饱。说也奇怪，拍多了，他的样子还真的有点像那位前法国总统。

　　我们这次去参观里昂的酒店业专职厨师学校，就遇到了保罗。一群穿白色衣服、戴厨师高帽的学生把保罗当神一样崇拜，真是可笑。

　　别说是他自己的餐厅，即便是那些经他指导厨艺的饭馆，也在七月八月这两个月中，一早被订满。要想尝到保罗做的菜，难如登天。

　　但是保罗反而偷空出来，亲自下厨，烧一餐给他的司机、水喉匠（指修理、铺设水管、水龙头等的工人）和采购食材的同事们吃。我们来了，也请来了他。他给足面子。对那些皇亲国戚、富商银行家之流，保罗反而爱理不理，摆着架子。

　　那天，保罗事先并无准备。他叫助手做好几道菜让我们拍摄，自己只在旁边指指点点。

　　"你叫别人烧菜，我怎么向观众交代？"我大声抗议。

　　保罗想想也对，向我说："那么，你要我烧些什么？"

　　我即刻想出一个最刁钻的要求："你烧一个蛋给我看看！"

　　保罗呆了一下，爽快地笑了："从来没有人问我蛋是怎么做的。好，我答应你。"

　　他将一个碟子放在炉上烘热，先下蛋白，等蛋白熟了，把蛋黄放在碟上，用余热将蛋煎得完美。真是一绝。

法 国 烟 铺

从香港带来的两条烟已抽完。

我发现法国的烟价和香港的差不多。以前来法国，总觉得东西贵，但有一阵子香港的物价飙升到全世界最高，现在"便宜"起来，就和法国看齐了。

红色加白色的"万宝路"在世界各地都买得到，法国卖的是一百毫米的长装型，烟叶很新鲜，不像香港的那种有霉味。滤嘴和红色包装的一样，黄褐色，并非全白。

到卖烟的地方走走也是一大乐趣。看到年轻时常抽的高卢（Gauloises），像是看到旧伴。

和我一样，"高卢"已老，由最浓的黑色烟叶，闻起来臭死人的那种，变成现在加上滤嘴的品种。这不算堕落。后来，还出了一只"特醇"，又有"特特醇"和"非常醇"。唉，烟是不必戒了。总感觉这烟，愈抽愈淡，终结来到时，一定像在吸蜡烛，怎么吸也吸不出什么味来。

也有一阵子喜欢吸沙龙（Salem）。这种美国烟有独特的香味。看到烟铺有卖，即刻买一包来唤回青年时的记忆，但那股烟味已丧失。这个老朋友，已死。

在烟铺里还可以买到种种打火机，"Big"是法国名厂，产品销往世界各地。二十年前生产的"Mini Big"，是旧款的一半大小，很可爱。当今的"Mini Big"有各种美丽的图案，不像从前的那么单调。还有一个不用火石，靠电摩擦点火的新产品，叫"Spicymini"，粉红和黄绿，非常抢眼。迷幻的颜色像丁雄泉先生的绘画，即刻买了几只来衬领带。

美国人的禁烟风气吹不到法国来，大家还是在公众场所中大抽特抽。在法国，如果餐厅禁烟，生意便做不成了。

男男女女，在街上散步时伴着一根烟。尤其是女人，抽起来特别好看。

任何不跟流行、不受束缚的行为，都是大方的。

布 耶 佩 斯

进入法国国界，即刻感到一阵凉意。这的确是一个山清水秀的国度。

树特别漂亮，草也油绿绿的。法国人长得并不高大，很有礼貌，并不像传说中的"不会讲法语就看不起你"。

和邻近的国家一比：意大利太过炎热，德国冷酷无情，瑞士刻板，英国浓雾……都有问题。只有法国毫无缺点，美就是美。

法国的气候最适合种植葡萄，品种优良。法国的葡萄酒，价格受国家控制，不能卖得太贵。面包也是一样，松、软、香，但不可以乱叫价。在法国，做人永远不会饿死，只能醉死。

我们在一家靠河的餐厅吃饭，叫了一瓶餐酒，好喝得要命，才卖七十港币。一个套餐，也不过二百港币。五道菜，吃得我们捧着肚子，懒洋洋地晒太阳，不肯走出来。

晚上抵达马赛，当然要喝全球闻名的"布耶佩斯鱼汤"了。

这家餐厅是"保护布耶佩斯原味学会"的会长开的，要求很苛刻，汤中的杂鱼少一种都不行。这个协会要志同道合的人才可以参加，大家都不折中，一定依古法煲汤。

我跑到厨房去学习：厨师先把杂鱼用网包住，煲至稀烂后才把可以整条吃的鱼抛入汤中，再滚十分钟，分开来上桌。汤归汤，鱼归鱼。

为什么只有在马赛喝的才是最好的呢？大家都会煲呀！第二天一早，跟大师傅去买菜，我们才明白其中道理。马赛港口的杂鱼，并不是可以在其他海域能找得到的。只有用这里出产的杂鱼才可以煲出"布耶佩斯"来。

即使巴黎的著名餐厅，也只能叫"鱼汤"，不可以用"布耶佩斯"称之，不然"保护布耶佩斯原味学会"听到了，会呱呱叫的。

马　赛

到达马赛时天色已晚，直接去餐厅。来到马赛，不喝最著名的"布耶佩斯"怎行？

初喝"布耶佩斯"并不觉得有什么稀奇。但比较之下得知，"布耶佩斯"是用数种只有在马赛可以捕到的小鱼煮成的，味道的确不同。在马赛之外的地方做的鱼汤，都不能叫"布耶佩斯"，就像不在"干邑"做的白兰地就不能叫"干邑"一样。

除了小鱼，汤中还有螃蟹、海鳗、墨鱼等。侍者将一大盘汤渣拿上来给大家看。当我们还以为这么多人不够吃时，发现这原来是做做样子，各人另有一大碟海鲜当菜，搭配红花饭。

法国人喝汤，喜欢搭配几块烤得又硬又脆的小面包片，蘸奶油酱。小面包片不是给人就那么直接吃的，而是放进汤中浸软。还有碟芝士丝，加在热汤中当粉丝吃也很可口，但浸久了便融为一团，咬起来像香口胶（即口香糖）。

　　茶、咖啡及甜品未上，众人已昏昏欲睡。新建的旅馆在海边，因建筑不能挡住海岸线，所以是向下建造的。这里原有座古堡，当今挖空了，只剩下一堵城墙。酒店设计新潮，古今合一，但房间左一间右一间，很难找到。有位上了年纪的团友摸不到房间，抱怨了几声，但这也不是我能控制的。

　　每间房都面向大海。一大早，我被浪涛声叫醒，就趴在书桌上写稿。太阳升起，照在和水平线齐平的游泳池上。其他团友陆续起床，看了此景不停地赞美。

　　吃完早餐，登上位于马赛高峰的圣母院，可遥望远处的无人小岛。据说那是《基度山伯爵》中男主角被放逐的地方。再走到鱼市场，探望前几年来拍旅游特辑时遇到的老渔夫。

　　已到开店的时候。团友纷纷去逛名店街，有些东西的价钱和香港的差不了多少，但可以扣税，便宜是便宜一些的。最重要的是这里的款式比香港多，但是热门的皮包照样没有货。如今内地的游客有钱，他们专门坐飞机来买，什么时候才轮到你？

饭 后 娱 乐

　　乘巴士驶往迪沃纳（Divonne）地区的古堡，沿途可看到通往日内瓦的路标。原来这里距离瑞士那么近。下次组团来，可以加一天到日内瓦的行程，大家吃顿芝士火锅，买买劳力士表，也是乐事。

　　在古堡住了一个晚上，吃的住的都相当豪华浮奢。美中不足的是，房里的电视机裸露在外面，要是装个升降机，把一切现代电器都藏在古董家具里面，一按电钮才出现多好。第二次来，要换另一家住住才行，反正法国的南部到处是古堡。

　　翌日，朝"勃艮第酒区"走，参观当地的一个酒庄。该厂的女导游发给我们每人一个银制试酒杯，让我们喝两种白酒、三种红酒，之后带我们到小卖部去。我买了该厂最贵的酒，倒给大家试，这时众人才露出一点笑容。

　　其实，来这家酒庄，目的是去它隔壁的一间餐厅。走进院子，有棵两个人合抱的柳树，垂叶落地。我无法想象，柳树竟然可以长得那么大。

餐厅布置得高贵典雅。女主人走出来，浓妆，眼睫毛画得又粗又长。她年轻时应该是个美人，当今长得像两个伊丽莎伯·泰勒那么胖。

先上的面包有五块钱铜板那么小。接着上的是沙拉，铺在蔬菜上的那块鹅肝酱却巨大无比，试了也不觉腻，很快吃完。

牛肉也很可口。精彩绝伦的是那碟乡下田鸡腿。略煎一下，腿边有点发焦，再用很淡的奶油焗出来，众人吃了叫好。有些从来不吃田鸡的人也说，今后可以改变主意。

食材就是那么微妙，做得好的话，吃过后可以打开一个新的天地，不试不知。

老板眼见我把田鸡腿一下子吃干净，再奉送一碟。我又吃完。她大喜，前来拥抱。团友看了大笑，说这是饭后最佳的娱乐。

粉 红 香 槟

直奔香槟区。

整个城市街道底下都被挖空了，当作酒窖，有数百里长。一堆瓶子就有几万瓶香槟，数百里加起来，数量是惊人的。

经特别安排，我们去参观最好的香槟厂——酩悦香槟厂（MOET & CHANDON）。这家酒厂创立于1745年，据说拿破仑也曾专程前来参观过。

该厂派了一名中国女子当导游，为我们详细解释香槟的制造过程。

到底是名厂，拿出来给我们试的也是好酒香槟王（Dom Perignon）。众人一喝，印象极佳。

接着就在地下的酒窖吃午饭，三种香槟配不同的菜。幽暗的酒窖中点着蜡烛，是名副其实的"烛光午餐"。

　　大家最感兴趣的是，粉红色的玫瑰香槟和淡黄色的香槟有什么不同呢？

　　原来，香槟是由三种葡萄酿成的。在酒桶中第一次发酵，装瓶后第二次发酵，让酒中的泡泡发得更多。酵母有渣，要把瓶子倒立。存放六个月之后，沉淀物都沉到瓶颈去了。这时，把整瓶香槟插在零下二十多摄氏度的冰中让它凝固，然后开瓶，酒内的气体一下子把瓶颈的沉淀物冲开，香槟就纯净无比了。

　　冲掉沉淀物之后已不是满瓶。如果加入上等的白酒，会呈淡黄色；如果加了好年份的红酒，就是粉红香槟了。

　　饭后，众人涌到小卖部，把那家店的粉红香槟一扫而光，令那位女导游咋舌。

　　酩悦香槟厂由莫哀家族创立，后来由其女婿香东（Chandon）发扬光大，故把他的姓氏也加了进去。酩悦香槟厂的法名发音太长且难记。这家厂现在已被拥有"路易威登"和各种名牌的大公司收购了。

波 尔 多

清晨的巴黎，有点冷。因为刚刚去了意大利，那里四十多摄氏度的天气，热得要命。我以为法国也会很热，所以衣着比较单薄。幸好行李箱中还有件西装，才不会像其他穿短袖的游客一样冻得发抖。

这次的主要目的是到波尔多品酒。也不在巴黎停留，直接到蒙巴纳斯（Montparnasse）火车站。到得太早了，正规餐厅还没开门，只有法国集团式经营的快餐厅在营业，名副其实地就叫"Quick"（快），于是胡乱叫了点东西消磨时间。

来个阳光汉堡（Sunshine Burger）。上桌后瞪个半天，吃呢还是不吃呢？最后还是咬了一口。面包意想不到的松软，像空气般融在嘴里。汉堡也有肉味，真不错。到底是法国人有文化，连快餐也比美国人的好吃。

法国的"子弹车"比日本的还要快，但从巴黎到波尔多也需三小时。座位很舒适，但因车轨狭窄，行驶起来车厢颠簸得厉害。速度一快，旧时的优雅就消失了。车里没有"餐卡"（指餐厅车

厢），不能悠闲地用餐，只有去小卖店。小卖店有成排的桌子，让客人买了东西站着吃。要了一瓶波尔多产的不知名的红酒，一喝，还好嘛，澳洲、美国、非洲和阿根廷产的，都要靠边了。

我们时常光顾的牛肉店"飞苑"的老板蕨野，也从日本赶来品酒，和他聊聊天，三个小时很快过去了。

波尔多的城市面貌依旧，临河的一排排大厦仍然林立。发现一处新貌：上面没有电线，靠车轨发电行驶的电车。流线型的车厢设计，很优美。

欧洲已逐渐有恢复电车的迹象。电车没有汽油污染，也不吵闹，还是这种交通工具最好。

在一家叫"La Quai Zacos"的餐厅吃午饭。餐厅看起来像是从前的马厩改建的，楼顶高，夏天没冷气也不觉得热。

我们运气好，刚下飞机时还见下雨，现在已阳光普照。这是个好预兆，接下来的几天，天气也会好的。

重 头 戏

　　第二天，我们进入了"重头戏"。那就是去苏玳区（Sauternes），参观甜酒厂"滴金酒庄"（Chateau d'Yquem of Lvsa-Lvsi）。

　　从圣特迷莲出发，约两小时车程，进入梅多克区（Medoc），入眼的尽是一望无际的葡萄园。这一区种的树很稀疏，又较高大，是为了吸收更多的阳光。

　　再下去就是玛歌区（Margaux）了，风景好像又比梅多克区的更美，几百公里的路两旁全是葡萄园，可见法国酒惊人的产量。葡萄酒产业已成为法国重要的出口工业。只有亲眼见到，才知道澳大利亚、美国等产酒国，其产量其实是微不足道的。

　　苏玳区的风景可以说是法国最漂亮的了。地上全是石灰的碎石，吸收的水分最少。葡萄成熟后，经强烈的阳光照射，变成又干又甜的干葡萄。而这些干枯后的咖啡色的果实，才是用来做甜酒的主要材料，且都要经手工精细采摘。

　　"滴金酒庄"创于 1785 年。成立不久，"滴金酒庄"的酒就被评定为特级酒,把这一区的数十家甜酒厂比了下去。这么多年来,它一直保持着最高地位。

　　所有的法国佳酿,寿命都比不上苏玳区的酒。它是越久越醇,甜而不腻。对于法国酒,大家多是从白兰地开始了解的, 跟着知道香槟是什么,接下来开始学会喝红白餐酒,但是唯有到懂得欣赏"苏玳"的阶段,才算毕业。

　　现在是八月初,所有名酒厂都已放假,"滴金酒庄"的总裁皮埃尔·卢顿（Pierre Lurton）特地从海边赶回来。他全身被太阳晒得漆黑。

　　"员工都放假,只好由我这个小卒亲自带大家看看。"他亲切地说。

　　越是大老板越谦虚,摆谱的皆为次货。

　　我告诉他:"画家安东·莫纳要我谢谢你,他说你一点架子也没有。"

　　卢顿笑了:"我最喜欢他的画。你是他的老友,就是我的老友。老友和老友之间,摆什么架子呢?"

苏玳

"直接试酒吧。"我向卢顿说。

"行，行。"他带我们到一间装修精美的大厅，拿出几瓶来，"一九八九年的被评为98分，一九九〇年的也是。一九九四年的只有90分，一九九五年的93分。只有这一瓶二〇〇一年的，是100分。"

红酒的话，二〇〇一年的还是太年轻，但"苏玳"的真是完美，喝下去，不羡仙。

"一瓶酒从几千到几万元港币，为什么滴金酒庄的酒卖得那么贵？"有位团友忍不住问。

卢顿回答："辛辛苦苦种好的一棵葡萄树，却只能够酿出一杯滴金酒庄的酒来。"

哗，大家更觉得珍贵。这次试酒，没人吐出来。

试完酒后告辞，到一家叫"沙普瑞恩"（Le Saprien）的餐厅吃午饭。

餐桌摆在桑叶架子下，面对着一望无际的葡萄园。清风吹来，在最酷热的季节也感到凉意。上帝对这个国家太好了。

"滴金酒庄的特级酒太贵了，有什么一级和二级的，但又喝得过的酒吗？"团友问餐厅的老板娘。她应该很懂得这一区的产品。

"一级的可以喝莱斯古堡（Chateau Rieussec），二级的选方舟酒庄（Chateau d'Arche）。"她介绍，"其他便宜的酒不要喝，否则喝完胸口会发闷。"

"甜酒是不是只在餐后喝？"

"餐前也行。"她解释，"还可以用来煮鹅肝酱。现在，很多人都说这最不健康了，但我们吃了几百年，一点事也没有。"

上的几道菜都很精美。大家吃得尽兴，都说此行已值回票价。

我打趣："既然各位都满意了，那么今后的行程，就当成奖金了。如果有什么安排不周的地方，敬请原谅。"

靓茨伯村

翌日去参观被香港人昵称为"靓茨伯"的酒庄。本来这家的酒很受欢迎，可惜有了前几家酒庄的美妙体验，相比之下，属次等。大家把酒含在口中漱漱，往那个吐桶喷去。喷酒很有学问，把嘴唇闭起，中间留着一个圆形的空洞。一吹，就有一道直条状的酒喷了出来。要学会喷酒，得花上几年吧。

"靓茨伯"的酒没什么可说的，但酒庄附近的餐厅可是好到极点。原来，"靓茨伯"的老板把周围的土地都买了下来，想恢复旧时风光。老板还开了一家卖面包的店和一家卖酒的店。这间餐厅也许不是他直接经营的，但是对食物的水准一定有所要求。

之前，我认为应当入乡随俗。法国人到了餐厅就是慢慢享受，故我们也不催促。

但是一顿饭吃下来最少得两个半小时，对我们这群急性子的香港人来说，再好吃的食物，也打了个折扣。我们叫侍者快一点，他们都笑道："先生，我们不是麦当劳。"

经过几餐后，等待已成为痛苦，而且影响食欲。因为肚子一饿就先吃"面包搽牛油"，我们都叫它"菠萝油"，是香港茶餐厅的名食。我一想，这不是办法，硬着头皮向餐厅老板说："我们来参观酒厂，他们解释得太亲切、太清楚，拖慢了。但我们又得赶下一班火车回巴黎，你们可以帮到我吗？"

"没问题，没问题。"老板拍着胸口。

上菜的速度虽然还是慢，但已较前几餐快多了。老板向其他客人解释："这些'中国佬'赶时间，先做给他们吃好吗？"

乡下的"法国佬"悠闲，都笑着说："没问题，没问题。"

目的达到。

这种谎不害人，洋人谓之"白色谎言"，很干净。

碧　尚

下午，又来一场"重头戏"。

碧尚女爵酒庄也在休假，我通过特别关系，请他们开门，让团友进去参观。酒庄名字太长，简称为"碧尚"（Pichon）。

去年来过这家酒庄，当今一切如旧。葡萄架前种满玫瑰花，是用来预报天气、预防虫害的。一旦出现虫害，玫瑰先遭殃，主人得到预警，即刻补救葡萄。这里也不是真的有间古堡，在波尔多这一区，所有酒厂都叫"城堡酒庄"（Chateau），其实大多只是一间农村小屋罢了。

"碧尚"开在被公认为"最佳红酒厂"的"拉图"（Latour）旁边，所产葡萄享受同样的阳光，配方也并不比"拉图"的差，价钱却只有它的一半。

什么叫配方？所有红酒都不用单种葡萄，只采取一种主要的，我们可以当它是一碗白饭，而下饭的菜，就是掺加其他品种的葡萄，这样才做出一餐来。这么比喻，简单得多。

很少有红酒能和"碧尚"一样，一喝就喝得出来，像老朋友，见面打个招呼。

要认识红酒，千万别贪心。就像要认识一个人，摸清楚对方的为人和个性，是个好的开始。而要入门，最好的选择就是"碧尚"了。香港人很欣赏这个牌子，够醇、够厚、够香，能与中餐配合得天衣无缝。也不仅仅是香港人，各地的"老饕"都对"碧尚"十分认同。"碧尚"二〇〇六年的新酒，还在酒桶中时已被抢购一空，今后只能在零售商店买得到。

我们上次来喝过二〇〇〇年的酒，大赞。也试了他们的"八二"，单单配着白芦笋一味，已不羡仙。

这次试的是二〇〇一年的酒。虽然这酒也获得了广泛的称赞，但我觉得配方和从前的大异，几乎认不出"老友"来。这一年份的酒，也许要等个十年才能喝出味道来。

试完酒后到处走走。团友们都说，从前见过的酒厂，没有一家比它的环境更优美。酒庄的老板娘已经八十多岁了，还世界各地到处飞，收集各种玻璃艺术品，并把藏品放在古堡中，让客人大开眼界。

有机会，来认识"碧尚"这位朋友吧，终生受用。

途　　中

　　离开波尔多之前的一个晚上，又在一家酒厂兼餐厅的古堡吃饭。食物不错，酒亦佳。但我们都试过更好的，本想当晚不碰酒了，后来还是忍不住，叫了香槟。

　　翌日行车，每隔一个多小时必在加油站停一下，让大家"方便"，也顺便购买一些小东西。法国的休息区不像日本的那么多姿多彩，清一色卖同样的次货，大家只买些水果清清肠胃。

　　我看中了一个大碗，即刻买下。法国人用碗喝咖啡，那碗有普通茶杯的三杯容量那么大。我还嫌不够大，因为我是拿它来喝汤的。这次买的碗是普通茶杯五杯的量，别处找不到。

　　"用一个汤碗不就行了吗？"团友问。

　　"汤碗有手柄吗？"我反问。

　　到了一个乡村，有一座三层楼的古堡，保存得很完美，当今也改成了酒店，叫"克尔兹艾城堡酒店"（Chateau de Curzay）。

　　古堡院内的参天大树，寿命已有两百多年，一连好几棵。我们被安排在树下喝粉红色香槟，吃精美的小食。花园里有马供客人骑。不敢骑马的话，有辆脚踏车（即自行车）供你使用。

　　食物一流。在这里吃到了我们这次行程中最好的一餐。

　　酒足饭饱，来到花园抽雪茄。飞来一只蜜蜂，叮了我第二下。之前，有一只蜜蜂飞到车上来的，女士们吓得大叫。我赶它下车时被它叮了一下。这只蜜蜂大概是她老公，一路追来寻仇。

　　伤口又肿又痛。我在下一站的药房买了些西药来搽，不见有好转。最后，想起小时候妈妈的配方：被蜜蜂蜇到，涂醋即好。到了巴黎后，在一家食物名店买了一瓶高级陈醋，浸着女士们化妆用的棉布，敷上了，即刻不痛。

　　真是神奇，还是古方管用。

乔治五世

又来到巴黎。这是此行的最后一站，一共住三个晚上。

"乔治五世"是我最喜欢的酒店，这次特别安排团队入住这里。从前来这里，先被领到一间大厅。酒店为客人奉上香槟，再把房间钥匙一一派好，行李也即刻送到。

也不知道是否是被"四季集团"接管的原因，人手精简，服务差了，房间安排混乱，皮箱也迟送，令我发了一顿小脾气。

大堂依然布满了花。在巨大的玻璃瓶口斜插，是这家酒店最先做的，虽然当今有很多酒店模仿，但花不够多，瓶不够大，总没他们的气派。

房间还是那么舒适。我那一间摆着冷面笑匠巴斯特·基顿（Buster Keaton）的肖像，表示他也入住过。睡在他躺过的床上，不知道能不能学到他的搞笑本领？

一切设备齐全，化妆室里的用品高档。房间一天清理两次，换两次毛巾，无微不至。女侍者把你的名字记得清清楚楚，也不会将发音弄乱，见到即打招呼。

"为什么什么都有，就是没有开水壶？"

虽然我自己带了，但这么高级的酒店，没有理由缺少这个小用具。

经理拼命道歉："我马上替你送来一个。不设开水壶，是我们欧洲没这个传统，而且有带小孩的旅客也担心烫伤。不过，只要客人关照一声，我们都能满足。"

对这个答案有点满意。

酒店是包早餐的，可选择在房间吃或到大堂的餐厅吃。这里供应日本早餐，有面豉汤、小蛋卷、灼菠菜、泡菜和一大块煎熟的鲑鱼，外加一大桶白米饭。

看到法国菜就已经怕了，见有米饭，说什么也不吃面包火腿了。日式早餐很像样，只是米粒是黄黄的，不是日本米。唉，算了吧，有的吃已经偷笑了。

啰　唆

去一家越南菜馆用餐，叫了整桌子的菜，最后再来一碗牛肉河粉，连汤也喝得干干净净。之后，我们又去了两家著名的食肆，但是我总觉得法国菜要在乡下吃才好。一到巴黎，好像对什么法国餐厅都失去了兴趣。

翌日，大家去香槟区大喝唐·培里侬（Dom Perignon）的粉红香槟，在藏酒地洞中吃烛光午餐。这些地方我上次已去过，便和诸位团友请了一天的假，自己留下见见老友。

一早，大家出发之后，我独自一个人在香榭丽舍大街溜达。走了一圈，见有水果摊，买了些水果回来清清肠胃。

再出门，到附近的诺悠翙雅（Loro Piana）专卖店看看，买了些衣服奖赏自己。

中午，画家安东·蒙纳驾车带我去巴黎最古老的一家酒吧利普餐厅（Brasserie Lipp）吃东西。他的太太和两位亭亭玉立的女儿也来了。虽是第一次见面，但她们对我亲切得不得了："爸爸老是提起你，又在他的录像里看到你，对你一点也不陌生。"

大女儿专修美术理论，现在在博物馆做事；小女儿做艺术书籍的编辑。吃完饭后，大女儿带我去新开的凯布朗利博物馆（Musee du Quai Branly），为我详细介绍每一件展品。我最喜欢的是一尊木刻的佛像，那件袈裟雕得薄如蝉翼，真是令人叹为观止。

傍晚，去见从小玩到大的朋友黄寿森。他和澳洲籍的太太住在一间又古老又小的公寓中，过着朴实的生活。真是那么穷吗？也不是，他们在悉尼有产业，巴黎的房子也是自己买的。他们的共同爱好的是研究语言，精通数十国的文字。在这里，他们有大量的数据可以收集。

该回家了。很幸运，我们是从巴黎出发的，要是从伦敦出发的话，怕是会因恐怖袭击事件而乱得不可收拾。而且，从巴黎起飞后台风才来，不然还是走不了。

这次旅行，日子过得充实，稿也写得多，啰里啰唆一大堆记录，辛苦各位看官了。

新 潮 酒 店

乘"法航"到巴黎转机，再去波尔多。

"法航"的商务舱，座位设计新颖，够宽大且能平卧。有些人一上机就睡个饱，东西也不吃，我就是其中一个。

醒来时已飞了三分之二的行程，走到后面的酒吧，看到里面摆满各种小吃。面包和甜点皆非我所好，见有杯面，而且是日清的"合味道"产品，不是难吃的杂牌，就先来一个。将我带去的杯面省下来，待吃厌了法国菜时享用。

看过两部电影，已抵巴黎。转机，一口气飞到了波尔多。

"累不累？"我问团友。大家心情兴奋，都摇头。

在波尔多市内吃了一顿晚饭，菜式不错，但已不记得吃了什么东西，赶回酒店睡觉。

这回我们要住三家酒店，各两晚。在碧丽歌住古堡，在巴黎住"乔治五世"。为了求变化，在波尔多住的是最新设计的圣詹姆斯酒店（La Saint-James）。四栋黑漆漆的钢铁建筑物，是从晒烟叶小屋中得到的灵感，由当代著名的建筑家让·努维尔（Jean Nouvel）设计，被新潮旅馆视为宠儿。我已疲倦，第二天一早再仔细观察吧。

翌日，已生活在法国时间，照样六点起床。望出窗外，白茫茫的一片，是雪还是雾？原来是大地余温和寒冷朝气的结晶。走出阳台，远望古教堂。

外面的私家葡萄园种满了梅洛（Merlot）品种的葡萄，院子另一边是个大游泳池。泳池上方升起的"白烟"，为暖水所散发。游泳池边以黑色为主调，黑白交错，相信是设计者的良苦用心。可惜客房少，只有十八间。每一间都可以看到旅馆前面的一大片葡萄园，另有广阔的田园供住客散步。

餐厅由名厨迈克尔·波尔托斯（Michael Portos）主掌。我在法国住过那么多旅馆，吃过那么多早餐，由他设计的早餐，是最丰富的。

金　狮

五种不同的面包，都是餐厅一早烤好的，还热腾腾的。牛油用的是高档的"Echire"牌。另有五个方碟，装有不同的果酱，有的装成甜点式，爱吃甜的人看到会发狂。其实，就那么吃也美味。

又甜又咸且被扭成毛巾样子的长条面包，波尔多著名的柠檬甜糕，布满覆盆子的蛋糕，还有其他叫不出名堂的。

咸点是腌鲑鱼、法国火腿、烟肉、香肠等，最好吃的是一大盘一大盘的鸭肝酱，毫不吝啬。

芝士的种类也吃不完。各来一口试试，已饱到不再叫蒸蛋了。

饭后参观木桐酒庄（Chateau Mouton Rothschild）。这家酒庄很聪明，请名画家绘画，每年不同，印在商标上面。毕加索、达利、米罗、谢嘉尔、克图等人都为这家酒庄画过。酒庄没给他们酬劳，只送很多箱酒给他们品尝。反正能为该酒庄作画，已是荣誉。

二〇〇〇年的商标上没有画作，只印了欧士堡羊（Augsburg Ram）作为当年的主题。我喜欢的还是一九八二年的那幅，由好莱坞导演尊·休斯顿所作，画了一串紫色的葡萄和一个红太阳，另有一只跳舞的白羊。

酒庄开了二〇〇三年的酒给我们喝，我嫌酸，吐掉。老实说，这家酒庄的酒除了年份较佳的几种外，一般的都没有显著的个性，不像"碧尚"，喝一口就叫得出名字来。

午餐在一家叫"金狮"（Lion D'or）的小餐厅吃，有南瓜汤、黑松露炒蛋、羊扒、芝士和甜品。简简单单的几道乡下菜，好吃得出奇。

厨子是个大肚子的家伙，白胡子，见到我们就嘻嘻哈哈地乱讲中国话。我看到他给别的客人切法国火腿，也要了一碟。他先假装"临时加菜不行呀"的表情，随即又切给我们，说："不过不要紧，这不是菜！"

玛　　歌

回到波尔多市。去年来过波尔多的团友"老马识途"，一下子都不见了踪影。有人跑到市内的奢侈品牌店去抢购皮包，但大部分都钻进那两家著名的酒商店去买酒。

酒庄只供试饮，很少能买到，只有到这些市内的零售商店去找。难得来一趟，团友们都持"要买就买好年份的"的心态。店员一听到这种需求，即刻把团友们当老爷那么拜。

晚餐安排在一家百年老店，从前来过，水平不错，当今已低落，记不得吃过些什么。反正午餐太过丰富，团友们没什么怨言。

第二天去产甜酒的苏玳区，当然要参观最好的滴金酒庄。这家酒庄去年已来过，但经新团友要求，又去了一趟。我答应此请求的另一个目的，是想再次去那一区的餐厅"沙普瑞恩"。

餐厅环境优美，有一望无际的葡萄园当后院，吃的菜都像为了配甜酒而设计的。黑松露和鹅肝，铺上用甜酒做的啫喱，令人毕生难忘。

饭后再到玛歌区的玛歌酒庄（Chateau Margaux）去。上述几个酒庄都不是一般游客进得了的，公关经理还一直打电话来问几时到。抵达后，我问她为什么那么紧张。

"有一次也来了一个'VIP团'，我们开了好几瓶酒等待，结果没有来。"她解释。

"你们自己喝掉算了。"我说。

"不。"她说，"职员是不允许喝的，只有倒掉了。"

玛歌酒庄的酒，性温柔，最适合女士们喝，但大男人海明威也爱喝这种"女人酒"，喜欢得连女儿的名字也取为"玛歌"。玛歌长大后拍了活地·亚伦的《曼哈顿》，从此消失。

我则欣赏园外的那一片蓝天。每到深秋，这里的天蓝得厉害，从没看过那么美的。

古　　堡

饭后，直奔我们此行的目的地碧丽歌（Perigord）。

一路上风景如画。碧丽歌在法国的西南部，交通非常不便。虽说此地盛产鹅肝酱和黑松露，但专程来吃这两样东西的人终究不多，就算一般的法国人也只闻其名，不会像我们这样大老远来到。

这里有许多洞穴，里面尚存穴居人的绘画，洞的下面有很多建筑物，都是古代人为了防御侵略者和野兽而建的。

当今刚好碰上红枫落叶，把大地染成金黄。在这么美好的环境里，才有最好的餐厅吧。

我们下榻的古堡"Chateau De La Tryne"（注：古堡名）一点也不阴森。上几回带大家到其他古堡，一些团友说"有鬼"，怕怕。但这个古堡的房间装修得新颖，墙壁上画着绿色的树，床又大又舒服，不像死过人的，大家都很满意。

　　天气已转冷，大厅的壁炉里生着火。在其他地方，木柴珍贵，这里则可以大把地烧，烧个不停。从地窖中取出的酒，虽然不是大牌子，但也好喝，放在餐桌上。侍者拿温度计一量，刚好是十六七摄氏度，最适宜喝。

　　古堡一共也才十二三个房间，我们团全部包了下来。晚饭就在大厅进餐。这次的鹅肝是放进汤中煮出来的，别有一番风味。另用西红柿做了四道非常精美的小菜，接着又是鹅肝酱、鱼子酱、鱼肉、牛肉、芝士及多种甜品。吃得饱饱，睡觉。

　　翌日一早看到花园，才知道这地方大得不得了。古木参天，有一棵至少上百年的橡树，几个人都抱不过来。在这种灵气十足的地方打了几招袁绍良老师教我的太极拳。从来没看过真人表演的古堡女主人也兴趣十足，说要跟我学，我即刻摇头。

　　这里的早餐没有新潮酒店那么多花样。我躲在房内泡杯面，吃完出发。

烧 菜 人

此行的高潮在于欣赏丹纽·香本的手艺。记得上次到访，他谦虚地说："我不是什么大厨，只是个烧菜的人。"

去这家叫"勒彭德路易斯"餐厅之前，有一套仪式。

先到黑松露园。主人是香本的亲戚。他带着狗嗅黑松露。大家以为有了一个"松"字，黑松露就应长在松树之下。其实不然，黑松露长在橡树下。香本用的食材，全由这里供应，据说是整个碧丽歌最香最好的。

再去专为香本养鹅的农庄，叫"La Ferme Du Berthou"（注：农庄名），由一对老夫妇经营。喂鹅的饲料是老粟米。粟米田收割后，留下一块，等待粟米干枯才用。听说这样一来，粟米更甜。也许这和制甜酒用的葡萄干是同一个道理。

老粟米蒸熟后就拿来填鹅，过程十分不人道。看了就是，不再去提。

有了这两种最好的食材，"烧菜人"香本的料理已有八成把握。

餐厅在一个被悬崖包围着的幽谷中，清溪流过，有座断桥，美若仙境。

餐厅布置得干干净净，不花巧，楼上有十二间房可以住宿。

今天的菜很丰富。蒸鹅肝，用当地产的苹果和葡萄的汁调味。用牛肝菌做的糕点小菜，用黑松露做的汤，都很精彩。另有小龙虾和带子夹黑松露，小鸡夹黑松露及黑松露土豆泥。别小看这堆土豆泥，它是我吃过之中最好的，毕生难忘。

最后上的是黑松露芝士和巧克力甜品。

大家都吃得叹为观止："为了这一餐，坐那么多小时的车也值得了。"

中 国 丈 夫

黄寿森住在巴黎第五区，在他家门口就有个地铁站。我们这次驱车前往，反而迷了路。

这处房产是房价最低时买入的，两百万港币左右，在一座大厦的三楼，有个阳台。从阳台看出去是个广场，种满了树。楼下是个古老的酒吧，周围都是很典型的法国建筑。

我走上楼梯，黄寿森走出门口迎接。见他甚为瘦弱，我有点心痛。

"头发稀落了，你。"我一开口就没什么好话，反正是从小玩到大的朋友，口没遮拦。

他尴尬地摸摸头："你的也差不多全白了。"

安东也走了上来，三个人拥抱。这是我们三个第一次一起相聚，从前都是个别见面。气氛特别融洽。

黄寿森的太太热情招呼我们。她是澳洲人，寿森在悉尼生活时遇见她。

　　"你生的到底是什么病？"我问。

　　寿森说："我们的肚子里都有'寄生虫'，但是在肚中没事，且能帮助消化系统。但是这个虫儿忽然找到一个洞,跑到我肝上了,结果发了炎，肝肿大起来。"

　　"哪会有这种病？"安东大叫。

　　"所以，连医生都找不出原因。我只感到发烧和头痛，在医院躺了三个月，一队队的肠胃专家跑来研究，也说从来没看过这种病例，一味给我吃抗生素罢了。好在法国人讲究美食，医院餐不错，才熬了过来。"寿森说。

不 公 平

大家聊了一阵子。黄寿森除了能操数十种语言之外，还拍得一手好照片。

友人之中，摄影高手不少，但没见过一个像他那样系统地把所有照片存档的。某年某月某日拍的，一找就有。见到任何朋友，他都能将当年相逢时的照片搜出来供大家回忆，然后又拍一张。

当今有了电脑和打印机，寿森处理起来更方便。他拿出三十多年前为我拍的黑白照，又把与安东在街头相遇的彩色照片拿来给我们看。那时候，大家看起来都像是"小痞子"。

我则拿出从香港带去的小食。见他吃得津津有味，我向寿森的太太开玩笑："看来你没有把他养好，所以他连医院的食物也说好吃。"

他老婆听了要打我，我逃之天天。

众人笑成一团时，安东的太太到了。她在菜市中买了一大堆食材，准备请我们到她家去吃饭。

"克丽丝汀娜的匈牙利餐，世界一流厨子也做不出来。"安东夸赞自己的老婆，"一块到我家去。"

但是寿森已没那么多气力，他说："前些时候走几步就疲倦，现在还好，能在附近散步，但是也不想出门了。"

吃了那么多的抗生素，当然疲弱。我感冒时连服五日抗生素，已快死人。寿森自生病就吃个不停，真是可怜。

肝是人类最脆弱的器官，又没有改换的余地。老实说，我真替他担心，但又不能表现出忧虑的样子，继续说笑。

"等你好了，来澳门的美食坊吃三田牛肉好了。那里的牛，真的是听音乐、喝啤酒和按摩过的，如果有电视台来拍摄的话。"我说。

大家拥抱道别。

老朋友像古董瓷器，打破一个少一个。不抽烟不喝酒的他，却得了这么一个怪病。有时候，上帝对人是不公平的。

巴黎法奥伯格酒店

在巴黎旅行，我向来住"乔治五世"，这回机缘巧合之下入住了巴黎法奥伯格酒店（Le Faubourg）。它是索菲特（Sofitel）的旗下的旅馆。

索菲特是法国的大机构，在全世界有多家分支，我一听就怕怕。虽然不像美国集团酒店那么恶劣，但也毫无个性可言，除了这家。

它是索菲特买下的一家历史悠久的老酒店，完全不像集团式经营的，建筑物有个性，法国风味浓厚。房间有大有小，小的有些人可能觉得太窄，但是我觉得非常舒适。斜阳从落地窗照入，躺在贵妃椅上读报，很有情调。

这回入住的是一个小套间。有些老酒店墙纸剥落，地毯有阵霉味，但这一间重新装修过。书桌上的电脑配搭齐备，浴室里有花洒和浴缸，用的都是宝格丽（Bvlgari）的洗化用品，楼顶又高，并不逊"乔治五世"太多。

最让人享受的还是地理位置。它与美国大使馆在同一条街，出入有警察把守，要将铁柱降下车辆才能通过，绝对不会发生什么偷窃事件。

走出来，对面街角就是"爱马仕"的专卖店，其他名店也邻近，是"购物狂"的最爱。

附近有家法国餐厅，但一直没有机会去试。酒吧倒去了几趟，壁炉中用木头生了火，发出香味。

房费多数是包含早餐的。早餐一半是自助，一半由厨房供应，以求热辣；水果的供应相当丰富，算是很不错的了。

酒店对面，本来是开了数十年的"癫马夜总会"，当今已关闭，改成一个酒吧和餐厅，很适合年轻人聚会。我嫌那里太吵，灯光太过幽暗，食物不可能好吃，没光顾过。

友人一早跑步到附近的凯旋门，摸了它一下，再慢走回来。本来想一起去的，但为了赶稿，也为了遵守七字真言"抽烟喝酒不运动"，作罢。

"绿仙姑"阿普珊

我年轻时喜欢画画,想出国念书,就求妈妈:"我要去法国!""不行。"妈妈说,"你那么爱喝酒,去了法国,一定变成酒鬼。"当今想起,要是真的去了,绝对会中酒精的毒,客死他乡。

为什么这么说?因为从小就迷恋一种叫阿普珊(Absinthe)的酒,颜色是深深的绿,也叫"Green Fairy",我把它译成"绿仙姑"。

最初,它是在瑞士制造的,用茴香、八角和一种叫"蛔蒿"(Wormwood)的药材,加了纯酒精浸在水中,再一次又一次地蒸馏出来。一般的阿普珊,其酒精含量在百分之四十五到百分之七十五,最高的能达到百分之八十二。

千万别把西欧的"度"和酒精百分含量弄混,两度才有百分之一。百分之八十二就等于一百六十四度了。

阿普珊后来传到法国,大行其道。据统计,仅1910年一年时间,法国人就喝掉三亿六千万公斤的阿普珊，比红白餐酒加起来还要多。

有种种传说：喝了阿普珊后会产生幻觉，和吃了迷幻药一样。这可能是因为"蛔蒿"会制造出一种叫"苦艾脑"（Thujone）的化学物质，令人神经错乱，但也使饮者自由奔放，最适合崇尚波希米亚精神的艺术家。

最强烈的一个印象来自凡·高。据说，他是喝了阿普珊之后才去割耳朵的。当然，也许是他的精神早就有问题了。但是，如果没喝的话，大概也不会画出《星空》那种常人不能想象的名画来。

德加（Degas）的画中，一男一女，女的喝了阿普珊，双眼无神。此画至今还挂在巴黎的奥赛博物馆中。

莫奈（Monet）的《喝阿普珊的人》就没那么负面，画上是一个戴高帽的绅士，左边放了一杯阿普珊，表情懒洋洋的。

大家也以为，侏儒画家劳特雷克画的肯肯舞女郎，如果不是喝了阿普珊，也不会跳得那么疯狂。

文学家左拉也提过阿普珊。王尔德更是"阿普珊爱好者"，常说喝了阿普珊"飘飘欲仙"。海明威在《死在午后》一书中甚至提到了阿普珊鸡尾酒的做法。

那么多人为阿普珊着迷，一定有它的道理。当年，它在法国已被禁止，但是我去法国，非到"黑市"找来喝不可。其实，就算那些产生幻觉的传说不是真的，过量饮用的话，也会因它的酒精强度而喝到中毒的。喝阿普珊还有一种仪式。那就是用一个底部是球形的高脚杯，在上面"V"字形的口上架上一根特制的茶匙。茶匙的柄上有一处凸出，方便饮者把它摆在杯口。这种茶匙刻着特别的图案，当今已被视为收藏品。匙中摆着一块方糖，把冰水慢慢倒入，经过方糖流进杯内。那球形容器中装了阿普珊，以五比一的比例加水。水一遇到阿普珊就变成乳白色了，之后就可以豪气地一口干掉。这是最正宗的喝法。

为探究那快感，有人还认为，用阿普珊浸湿方糖，点着了火再喝，口感最好。但这只是传说而已，没人那么喝的。

如今才知，阿普珊并没那么神奇。它与中东地区自古以来喝的亚力酒（Arak）和希腊的茴香酒（Ozzo）一样，都是同一系列以茴香蒸馏出来的酒，只是后两者不加"蛔蒿"而已。

阿普珊的"幽魂"还一直徘徊在法国民间。被官方禁止之后，"潘诺"（Pernod）这个酒厂继续生产甘草和八角味的茴香酒，另一个叫"理查"（Richad）的酒厂也同样生产。法国人爱喝这两个牌子的酒爱到极点。你若到乡下的酒吧，就会看到人人都在喝。跟着他们叫一声"Pernod"或者"Richad"，酒保便拿出一个水杯，倒一份酒进去，再将一壶水倒入杯中，满了之后，奶白色的液体就出现了，样子像消毒水"滴露"。不喜欢的人喝了，说味道也和"滴露"一样。

"潘诺"和"理查"这对死敌，终于在1975年合并，成为世界最大酒商之一。之后，这家酒商"南征北战"，买了白兰地的"拿破仑"、威士忌的"芝华士"、香槟的"巴黎之花"（Perrier Jouet）、波奔威士忌的"野火鸡"、餐酒的"杰卡斯"（Jacob's Creek）和伏特加的"绝对伏特加"（Absolut）。

在背包旅行的年代，我每到巴黎，即刻叫友人替我找阿普珊，一杯又一杯地隔着方糖喝。虽然酒精度极高，但已加了水，当年的身体又是最佳状态，没有"泥醉"，但绝对有王尔德形容的"飘飘欲仙"。

1988 年，此酒在法国解禁，但阿普珊已无当年光彩，在卖酒的专卖店中也难找到。久未尝此酒。一次去巴黎，向友人提及此酒，友人记在心上，千方百计找到一瓶送给了我。

我即刻打开来喝，发现酒精度已弱了许多，比喝"潘诺"或"理查"强一点罢了。有点失望，但也感谢友人的好意。

去年去了布达佩斯，药酒"Zwacks"的老板送了我一瓶捷克产的阿普珊。虽说酒精含量只有百分之五十，但也比一般只有百分之四十多的白兰地和威士忌烈得多。

一口一口地把"绿仙姑"喝进肚。最先是勾了水的，但嫌不过瘾，拿来净饮，越喝越多，把整瓶干了。当今我酒量已失，尚且为阿普珊如此着迷，如果年轻时在巴黎夜夜笙歌，当今还有命吗？真佩服妈妈的先见之明。

勃艮第之旅

　　喝烈酒的人，到了最后，一定会喝单一麦芽威士忌（Single Malt Whisky）。天下酒鬼都一样。

　　而喝红白餐酒，到了最后，一定以法国的勃艮第（Bugundy）地区产的酒为首。天下"老饕"都一样。

　　年轻时，什么餐酒都喝进肚。人生到了某个阶段，就要有选择，而有条件选择的人，再也不会把喝酒的配额浪费在法国以外的酒上了。

　　当然，我们知道，美国酒也有好的，还有几瓶卖到天价呢，但数量少得可怜。澳洲也有突出的，像奔富酒庄（Penfold）的"葛兰许"（The Grange）和翰斯科酒庄（Henschke）的特级酒，都还不错。意大利和西班牙各有极少的佳酿。与这些酒一比，智利的、新西兰的、南非的，都喝不下去了。

　　到了法国，就知道那是一个最接近天堂的国家，再也没有一个地方有那么蔚蓝的天空，山清水秀，农产品丰富。说到酿酒，法国更是"老大哥"了。

诸多产区之中，只有波尔多和勃艮第可以匹敌。我们这次乘午夜机，经时差，抵达巴黎时已是清晨七点。交通不阻塞，坐车南下，只要四个小时就到了勃艮第。

勃艮第地区的主要都市叫波恩（Beaune），我们当它是根据地，从波恩出发到周边的酒庄去试酒。对食物，我还有一点点的认识，但说到餐酒，还真是一个门外汉。有鉴于此，我请了一个叫史蒂芬·士标罗的英国绅士当我们的向导。他年龄应该有七十多了，但一点也不觉老，只是不苟言笑，像个大学教授。他说起话来口吃的毛病很重，由庄严的形象变成滑稽，较为亲民。

许多酒庄主人都是士标罗的朋友，他带我们喝的都是当地最好的酒。我们也不惜工本支持他，由年份较轻的喝起，渐入佳境。吃的也是"米其林星级餐厅"的美食。"米其林"海外版信用不高，但在法国还是靠得住的。

勃艮第的酒和波尔多的酒相比，最大的分别是，前者只用两种葡萄，后者则是以多种不同的葡萄品种酿成独特的味道。勃艮第的白酒用的是霞多丽（Chardonnay）葡萄，而红酒用黑皮诺（Pinot Noir）葡萄。

真正的勃艮第酒产区，整个区域也不过是一百七十五平方千米，和波尔多一比是"小巫见大巫"。它夹在夏布利（Chablis）和博若莱（Beaujolais）之间。前者的白酒还喝得过去；后者每年十一月的第三个星期生产的"新布血丽"红酒，不被法国人看重，有些人还当成骗外国酒客的笑话呢。

这回，我们刚好碰上"新布血丽"出炉。有些没在香港见过的牌子，还真喝得过。

一般人认为勃艮第的白酒最好喝，其实它的红酒才最珍贵。像"罗曼尼·康帝"（Romanee-Conti），不但是天价，而且不单卖，要配搭其他次等的酒才能出售。为什么那么贵？罗曼尼·康帝区一年只出七千五百箱酒，天下酒客都来抢，怎能不贵？

勃艮第的法律也很严格，多大面积的土地种多少棵葡萄，都有规定。这个地方的石灰石土地和光照很独特，种出来的葡萄也是独一无二的。虽说只用一种葡萄酿制，但下的酵母多少，每年气候如何，都有不同的品质呈现。一个酒庄酿出来的酒并没有强烈的个性，不像波尔多的名酒庄，一喝就很容易喝得出来。

专家们都说"罗曼尼·康帝"的一九九〇、一九九六和一九九九都过誉了，不值那个钱。其他名厂的酿酒法也跟着进步，不逊罗曼尼·康帝的了。

　　但专家说归专家说，众人一看到这个牌子就说好。到底，知道酒的价值的人，还是少之又少的。

　　白酒之中，梦雪真（Le Montrachet）称第二，没人敢称第一了。这家酒庄的面积只有八公顷。波尔多人一定会取笑，说这么小的地方酿那么少的酒，赚什么钱呢？但越少就越多人追求。

　　用霞多丽葡萄酿的白酒，也不一定酸性很重。勃艮第的"Theuenet"酒厂就依照苏玳区的做法，把熟的发霉的葡萄干酿成甜酒，并不逊色。只是因为不受重视，价钱被低估了。

　　走遍法国的酿酒区后，发现一个事实：喝红白餐酒是一种生活习惯。吃西餐的大块肉，需红酒的酸性来消化；吃不是很新鲜的鱼，需白酒的香味来遮掩。从小培养出来的舌头感觉，并非每一个东方人都能领会的。

　　而且，要知道什么是最好的，需要不断地比较。当餐酒升为天价时，只有少数买得起的人能够喝出高低。餐酒的学问，到底是要用尽一生，才能真正具备辨别出好坏的能力。

　　一知半解的，学别人说可以喝出香草味呀、巧克力味呀、核桃味呀，那又如何？为什么不干脆去吃巧克力和核桃？有的专家还说有臭袜味，简直是倒胃口。

　　餐酒的好坏，在于个人的好恶，别总跟在人家的屁股后面。

喝到喜欢的，记住牌子，趁年轻，有能力的话，多藏几箱。

酒也不是越老的越好。

虽说勃艮第的红酒三十年后喝会更好，但白酒在五年后喝状态已佳，红酒等个十年也已不错。应该说，买个几箱，三五年后开一两瓶，尝到每个阶段的味道，好过二三十年后开，发现酒已变坏。

这话最为中肯了。

第三章

闲情意大利

优雅年代

意大利早餐

意大利酒店的自助餐,都是冷的东西,牛奶、果汁、酸酪、麦片、生火腿、芝士……

面包有很多种,都是冷的,以甜的居多,就连法式羊角包也要撒上一层糖粉。普通的面包有一个拳头那么大的或一长条的,需要自己拿刀切。面包硬得要命,掉在地上"砰"的一声巨响,能吓倒邻桌老太婆。

在外面咖啡店吃的也是这些东西。旅馆习惯性包早餐,每天起床到楼下吃早餐,但一看这种早餐就没胃口,又跑回房间自己煮方便面。

起床晚了,来不及煮方便面,又到餐厅去,自备了普洱茶。我把茶叶交给侍者,吩咐他装进茶壶就行,洗不洗茶已不重要了。

侍者拿回来给我。一看,茶叶不见了,只是一壶淡淡的褐色的水。原来是厨房自作主张，替我沏完茶后把茶叶扔掉了。真是太可惜了。虽然不是什么好茶，但也珍贵。尤其是在意大利，喝完了到什么地方添购？

在一些三星级的旅馆中偶尔会出现"炒混蛋"：事前炒了一大堆装进一个大盘中，下面用热水保温。

忽然对这些"炒混蛋"特别有好感，它是唯一热的食物，拿了碟子添多些。

吃进口中，一点蛋味也没有，像飞机餐中的冷冻蛋重新加热过一样。要把蛋做得那么难吃，也需要很高的天分。

水果多是腌渍过的梨或桃子，加糖，极不自然，难以下咽。也没有生菜沙拉，尽是肉类和淀粉。时间一长，吃得身体起了变化，花在洗手间里的时间长了许多。

好处在于咖啡是香浓的，但是对咖啡毫无兴趣的我来说，一点帮助也没有。

怪不得意大利人到"半岛"或"香格里拉"，看到自助早餐如此之丰富，蛋是新鲜煎出来的，果汁是现榨的，叹为观止，大叫："这才是天堂的食物嘛！"

果 乐 蓝

飞欧洲的多数是夜班机。这很好呀，一觉睡到天明，翌日又是新的一天。

"我在飞机上睡不着呀。到了又有时差，怎么办？"有位团友问我。

"没有别的办法。"我说，"吃安眠药吧！"

如果普通安眠药的药效不够强的话，请你的家庭医生写些厉害的给你。它不是什么可怕的东西，不会一吃就上瘾。

上机前已吃得饱饱，不去碰飞机餐了。睡过一觉，看完一部电影，抵达罗马。

出闸，有位团友的行李失踪了，是意大利航空给搞错了。没办法，只有报失。幸好经验丰富，我一个箭步冲到柜台，一转头，看到后面有十几个外国游客也跟着排队，都是不见了行李的。意大利人很有艺术才华，但就是不够有组织性，做事随便，弄丢行李的例子屡见不鲜。

从机场出来已经迟了，还有一段路才能到酒庄。来到意大利，当然要喝当地才有的"格拉帕酒"（Grappa），我把它翻译成"果乐葩"。当地最著名的酒庄"波迪加"（Bottega）的老板知道了，大赞这个名字译得好。

"我有一个经理，在北京留学，中文学得很好。是他看了你的文章，说给我听的。"后来，他来到香港对我说。

我带他到"天香楼"吃饭。

他说，那"叫花鸡"是他这辈子吃过最好的，一定要好好报答我。

我们这次来，第一站就是去他的酒庄。

他先带我们来到附近的一家餐厅。本来是要在树下吃午餐的，但天公不作美，下雨了，只好在餐厅内进行。

十几种酒

到了餐厅，酒庄老板山度·波迪加让我们走进一个葡萄架下避雨，自己则站在外面给我们讲解，淋得全身尽湿。

"我们先来一杯汽酒。除了香槟地区，别的地方产的都不可以叫'香槟'这个名字，但是我们做的并不比法国人的差，试试就知道。"他说。

拿出来的汽酒是大瓶装的，一来就是好几瓶。大家早已口渴，喝得不亦乐乎。

"叫他进来吧。"团友看着老板淋雨于心不忍。

我说："意大利人就是那么热情，没用的。他要怎样就让他做去，劝也劝不来。"

意大利汽酒的味道果然不差，大瓶装的向来质量更好一点，很容易入喉。

走进餐厅。菜一道一道上，酒一瓶一瓶开。先喝白酒，再来红酒，跟着上的就是他们的"果乐葩"。起初是一小瓶，有个喷器，设计得像瓶香水。

"这是什么？"团友问。

"啊！"波迪加示范，"拿来一喷，食物的味道会变得更有趣。"

本来在树下摘来吃的水果，因天下雨，采了摆在桌子的中央，有杏、梨、桃、樱桃等。喷上果乐葩，味道果然更香。

桌上又摆了一瓶"白金果乐葩"，吃肉时开了瓶让大家喝。

"这瓶酒的酒精有百分之六十几，如果酒力不佳，可以拿汤匙倒一匙来试试。"

厉害得很。别人拿汤匙，我则倒了一杯灌下。

"这是快乐水，我最喜欢快乐水！"波迪加笑道。

烈酒下肚，兴奋无比，气氛欢乐了起来。忘掉下雨，餐厅像充满阳光。

"这是柠檬果乐葩，这是巧克力果乐葩。我们还有牛奶果乐葩，放进咖啡，一流。"波迪加把酒都开了，一点也不吝啬。

十几种酒，各试一口，也要喝醉。

好在我喝酒的配额没有用完，照喝不误。

米兰之旅（上）

　　题目是《米兰之旅》，其实我们的第一站是直飞科摩湖（Lake Como），再游比蒙山区（Piedmont）和帕尔玛（Parma），最后才到米兰。

　　"国泰"的飞机可以直飞欧洲各大城市，如果抵达后即刻转机，行程较为辛苦。虽说是十二个小时的午夜航班，但吃饱饭，看看电影，睡一觉，黎明抵达，也不觉得有时差。

　　过海关，马上领教了意大利人的个性：随随便便，糊里糊涂。不必填表格，只瞄一眼护照，盖上印，就让旅客出来。

　　九月中旬，刚入秋的天气最为清爽，身上有些余暖，不觉冷。大家穿着短袖衣服，就那么坐上车去。

　　车直达科摩湖畔的市中心。天还早，很多店尚未开门。众人散步的散步，看教堂的看教堂。我已感到有点冷，准备去买件披肩。有一家小百货公司已营业，但货色不多，皆来自中国。

　　我的第一件事就去找冰激凌吃。若说北海道的浓牛奶软冰激凌是"天下极品"，那么意大利的更胜它一筹。意大利当地的冰激凌叫"忌拉图"（Gelato）。如果用英文问意大利人，哪里有"Icecream"卖？他们一定会明知故问："什么叫'Icecream'？'Gelato'就有！"

　　湖边那家冰激凌店，什么味都有，装在一格格的大箱中，任君点食。樱桃味的、芝麻味的、椰子味的、草莓味的，但说到最滑、最香的，当推纯牛奶加云尼拿（Vanilla，一种香草，是西点最常见的香料之一）的。若贪心，则可多加几大匙焦糖，包你吃过不羡仙。

游览完毕，乘车到半山一家著名的餐厅，叫"Nabedano"。黄色小屋，花园里种满各种树木和香料，爬墙的花更美。餐厅内的古画不少，但没有庄严氛围。天冷了壁炉可生火，给客人舒适和温暖的感觉。

女主人已是第四代传人了。在等食物上桌时，她带我来到偏厅的小花园。花园里种着一棵分叉的梧桐树，女主人说已有两百年了。树干外皮剥落，呈现彩色缤纷的图案，餐桌的布也依此设计，极为调和。她又说，我坐的那张桌子，是好莱坞巨星乔治·克鲁尼最喜欢的。这家伙懂得享乐，在科摩湖边买了一栋别墅。

冷盘为地中海虾沙拉，接着是乳牛排、鱼和小龙虾配自家制的短面，水牛芝士（即马苏里拉芝士）配煎帕尔玛火腿。甜品是我点名要的"忌拉图"。先将面包条烤出花纹，再加上冰激凌和糖片，漂亮到舍不得吃。

饱饱，走下山坡。见地下有几颗大栗子，抬头一看，巨树参天，结满带刺的栗胞。大家像小孩子一样，脱下鞋往上一抛，又肥又胖的栗子掉得满地都是。

折回码头，我们要入住的酒店赛尔贝罗尼大酒店（Villa Serbelloni）派游艇前来迎接。原以为乘船一下子就能到，上了船问船长才知要一个小时。原来科摩湖很大，有一百四十六平方千米。湖水也深，由阿尔卑斯山融化的雪水蓄成。

整个湖呈"人"字形，而我们下榻的小半岛贝拉吉奥（Bellagio），就像垂在两条大腿之间的小阳具。游艇经过无数的小镇和半山城区。湖畔的房屋一间间，五颜六色，远看似玩具，近观甚为宏伟，皆有私人码头。其中，最著名的别墅不是大明星的那间，而是意大利科学家伏特（Volta）住过的。我们说的电压单位伏特，就以他的名字命名的。

赛尔贝罗尼大酒店建于 1788 年，本为私人别墅，后来被美国的洛克菲勒基金收购，改为五星级酒店。

下船后再爬阶梯才能抵达大堂。高楼顶，空间尽情浪费，处处大理石、水晶灯，墙壁布满古画。从落地玻璃窗可望见湖景，每间房皆有向湖的阳台。房间巨大，让客人感觉像住入古代贵族的家里。

小睡，醒来已入夜。走进酒店的餐厅，吃意大利菜，赏明月，人生乐事。

头盘是瑶柱刺身，接下来上的是低温处理的鸡蛋加鱼子酱、自家制的水饺和鱼，最后以烤乳猪收场。

大厨 Ettore Bocchia 前来打一招呼就走。前面几道菜都不错，最后上的烤乳猪的皮并不脆。侍者前来问意见，我坦白相告。

吃罢，大厨又出现。他拼命解释他们的乳猪皮当然没有中餐的好吃。他来香港吃过，很喜欢，知道我的评语是对的。原来这个大厨派了小侍者当密探，听了我的评语跑去报告他。他中途失踪，原来是要先想好怎么应答，也难为他了。

翌日的早饭为自助餐。老实说，我宁愿选择这种方式，好过一份份地上。从数十种面包开始选择，其他应有尽有。摩科湖靠近帕尔玛，火腿当然一流，但最过瘾的莫过于吃附近比蒙山区的芝士了。

美国国家地理杂志出版的那本《一生的美食之旅：全球 500 处必访美食胜地》之中，也列出该区的芝士为必吃的。早餐中的芝士种类数都数不清，我一一试之。又香又硬的固然好，我还是喜欢口感如丝的软芝士，全天然，不添加任何防腐剂。每样吃一小块，已半饱。

芝士配水果刚好。当今的梨最当季，甜得很，但不及藏在冰桶的那两瓶莫斯卡托甜白起泡酒。这种独一无二的甜汽酒，其酿制方法是世界上最悠久的。一般来说，用来酿酒的葡萄很酸，但这一带用的是最甜的品种。将甜葡萄放在密封的木桶中发酵，会产生百分之五到七的酒精，这时自然产生气体。

这两大瓶酒没有客人去动，我不客气地干掉了一半，伴着上好的芝士。

这一天，是美好的一天。

米兰之旅（中）

从酒店往帕尔玛（Parma）走，车要爬过一座高山，路弯弯曲曲的。虽然说沿途风景不错，但也不该受此折磨，即刻请导游公司安排一艘船，回程走水路。团队人数不多就有这个好处，可随时变更为更舒服的行程。

进入阿尔巴（Alba）山区，再经过以酿甜汽酒著名的阿斯蒂（Asti），抵达帕尔玛。此地的生火腿近年来被西班牙火腿的光芒盖住，其实一点也不公平。意大利餐中的帕尔玛火腿配蜜瓜，是非常重要的一道菜。这种颜色橙红又不是太咸的风干肉片，让人百食不厌。

不过，来到了帕尔玛，就要吃极少出口到外国的另一优良品种，叫"库拉特罗"（Culatello）。

我们到专门做"库拉特罗"的工厂参观，制作过程是这样的：选上等猪肥肉，去皮去骨，选最精美的部分，略抹上一层盐。然

后取出一片像塑料袋的东西——晒干的猪膀胱皮。用水浸软，把整块腿肉塞进去，然后以熟练的手法用绳子左捆右捆，扎起来，有一个篮球那么大。把这个东西挂起来，在室内风干。

帕尔玛的气候和风最适宜制作火腿。两年后，大功告成。此时，火腿已缩成一个沙田柚般大的肉块。不必用防腐剂，只用盐。费工夫，没有多少人肯做，一年只能生产一万三千个。

切片试吃。和一般的帕尔玛火腿相比，这种火腿色泽较深，香味更浓。肥的部分占十分之一，其他脂肪已进入肉中，和日本的大理石牛肉一样。很奇怪，风干了那么久，下的盐又不比普通帕尔玛火腿少，但一点也不咸。细嚼之下，竟还有点甜味。在西班牙火腿变成天价时，"库拉特罗"便宜得很。

到小卖店去，要了真空包装的，三百克才两百多港币，反而只是肥膏的"白库拉特罗"（Branco Di Culatello）不便宜，二百克要卖八十多港币，是天下最贵的猪油了。意大利人拿它来搽面包吃，说比牛油更美味。

在附近的山村里，有一个大胡子大汉在等候。他身旁有一只狗，像是《花生漫画》中史努比的表弟。由它带路，我们走进森林找松露。

大汉说我们来得正好，九月十五日是挖松露的解禁日，必有收获。果然，看到"史努比的表弟"一个箭步冲上前，即刻"猎"到。虽说用狗比用猪来寻找更好，但"史努比的表弟"一口把松露吞了下去。

大汉忙把它的口掰开，取出来一看，是小颗的黑松露，就赏给它吃了。"表弟"大乐，继续找，愈挖愈巨型。我们看到大汉诚恳地笑了出来。这种乡下人，是不会事先把松露埋了来骗我们的。

回到村屋，大汉拿出各种比蒙芝士，毫不吝啬地把挖到的黑松露刨在上面。香味扑鼻，我们吃到不能再吃方罢休。接着他把浸黑松露的橄榄油拿出，大量地淋在刚出炉的面包上。怎么饱，也要再吞几块。

接着，我们到帕尔玛市内的"斯特拉多罗酒店"（Stella

D'oro），食物精致得很。当然，由"库拉特罗"开始，接着是山羊奶酪卷烟肉，下面铺小苦菜。另有黑猪猪肩肉饺子、黑松露菌汁、帕尔玛猪脚，还有用莫斯卡托甜酒代替焦糖的布丁等。这家的二楼都是客房。意大利人就是这么会享受，男女吃饱一餐再上楼去。

建议各位游帕尔玛时，干脆就住在这家餐厅里面，吃完睡，睡完吃，其他要做些什么，随你。

但是说到最精彩的，还是翌日下午在"Restorante San Macco"餐厅吃到的。

一进门，就看到一大盘白松露，个个拳头那么大。我原以为是给客人欣赏的，原来全部给我们享用。好一顿松露大餐！

配鸡蛋、土豆泥的，当成肉酱浇在猪排、牛排上的，各种吃法齐全，相信大家也都试过，并不出奇。但有一道菜，我想不会有太多人吃过。

上桌一看，竟然是一条餐巾，卷起来铺在碟上。

搞什么名堂！餐巾？

一摸，很热。

打开一看。里面包着的竟然是几小只意大利饺子。

一股浓浓的香味扑鼻而来。

原来，白松露也要吃当天挖到的，不然就没那么香，而且一且被片成薄片，味道就会很快消失。这道菜是把饺子煮熟，将松露迅速片成片，即刻用餐巾把它包裹住，煮过的水饺的热气把松露的香味焗出来，此时进食是最高境界。

接着来的是一片炸"库拉特罗"，上面铺了一层鹅肝酱，一层又一层的饼。一数，有数十层之多，深红粉红相间，切块来吃。另有莫斯卡托甜汽酒。还有其他几道佳肴，不必去提了。

"是不是很完美呢？"餐厅经理搓着双手来问。

"不。"我严肃地回答。

"为什么？"他诧异。

"所有的意大利餐厅都已禁烟。饭后没有那根雪茄，是不完美的。"

"啊，"他点头同意，"那优雅的年代，已经终结！"

米兰之旅（下）

车一直往山上爬去。山坡上皆为葡萄园，树上挂满黑色的果实，真想走下去摘一些。

看到一车车的葡萄送往酒庄，山路颠簸，葡萄压着葡萄，汁液从车厢流出，在路上留下一道道痕迹。

这里种的葡萄都是做甜酒用的，绝对不酸。司机看到我贪婪的表情，笑着说："酒店里有大把供应。"

山顶上的圣毛里齐奥雷莱斯酒店（Relais San Maurizio）由修道院改建，一共只有三十一间房。我们入住的都是以前僧侣的卧室，很宽敞。他们很会享受的。

大厅的紫檀花由天井挂下，满室皆是。天气还很寒冷，壁炉生着火，发出松香。大家都说，这么优美的环境，应该住上两个晚上，但我们的行程不允许，真可惜。

是时间吃晚饭了。餐厅是由修道院的马厩改造而来的，非常宽敞。众人开玩笑说，连马也住得那么好。

红砖墙漆成白色，小圆桌一排排地摆着，点着蜡烛，气氛极佳。

吃的食物尽是当地的特产，一切自给自足。以为中午那餐已经很完美，没想到这一顿也不差。甜品和芝士留给我们的印象比其他食物深，上了一道又一道。最后以为没了时，又上来各种手作糖糕。

清晨一大早起来，自助餐桌上果然摆满了葡萄。吃罢早餐，还是觉得没吃过瘾，越过栏杆钻进葡萄园去摘。葡萄让露水一洗，好像干净多了，味道也好得多，吃得我满身紫色，回到室内泳池冲个干净才再出来。

到米兰之前，我们先到附近的都灵（Torino）一游。这个古城的特色在于，商店街旁皆有行人道，上有遮雨棚，下雨也不怕。

想找间古董铺子，买几枝又长又瘦的手杖送给查先生和倪匡兄，自己也来一根。手拿手杖，走起路来也优哉游哉。没找到古董铺子，反而走进一家很高品位的烟草店。在烟草店买了一把半截拇指般大的雪茄刀，兽角做的柄，拉出小刀，在凹处放了雪茄，一按即可剪开烟头，非常精美。

到全市最老的餐厅"坎比欧餐厅"（Ristorante Del Cambio）吃饭，食物水准很高，但松露与前一家的一比，已失色。今后的几家，也不会再去吃松露了。值得一提的是，我坐的那张桌子，曾是某位著名政治家的指定席,他在这里发表的名言是:"改革已经成功,是时候坐下来吃饭了。"

我们的最后一站才是米兰。四季酒店躲在名店街旁边的一条小巷子里,大车驶不进去,酒店派了几辆小车来大街接我们。

门口不起眼,但走入大堂就觉它的气派。虽然它也是由一间修道院改建而来的,但是规模大得多,让人感觉像进入一家博物馆。

建筑形态以拱形为主,大厅走廊皆是拱形门框。走到尽头看到楼梯,一层层椭圆形无尽地延伸上去。屋顶有一个圆圈,看起来像颗大眼睛。

由房间往外望,就是米兰大教堂(Duomo di Milano),这是游客必经之地。教堂顶部有用钢铁架成的玻璃天花板,买东西时不会被风吹雨打。感慨,几百年前已经那么先进了。

有些朋友已经等不及行李送达。出门走几步路,就是著名的购物街蒙特拿破仑大街(Via Montenapoleone)了,什么名牌商品都有。

我却在房间内休息。四季酒店集团之中,我原先最喜欢的是匈牙利和巴黎那两家,都处在全市最热闹的地区,由古迹改造而成。现在可以加上米兰的这一家了。

在房中的贵妃椅中一躺,拿出平板电脑来看微博,却上不了网。离开香港时已买了 3G 卡,说只要输入号码就可在全意大利通用,结果还是失败,只能靠酒店大堂的 Wi-Fi。打电话回香港投诉,

服务亦佳，派了一个意大利职员来酒店为我联机，结果发现是对方给的密码指示出了问题。我向来人再三声明，错不在我。那个意大利职员也老实，点头道歉。

晚上，是时候吃一顿中餐了。米兰市中有好几家中餐馆，我们最终选择去"香港楼"。店主是新加坡人，说二十多年前查先生来过，也是他招呼的。久未闻中国米饭香，大家吃得津津有味。下次可以去另一家我常去的，叫"金狮"。

翌日，大家都上街大买特买。到了米兰，如果不添几套新装，好像对不起自己。一件衣服，在香港卖三万多港币的，这里只要两万多，省了一万，还可以退税。

意大利的消费税没有固定的标准，如果买完了到机场领回，退百分之十一的税，算起来也不少。要是你不带走，让店里邮寄的话，那么能退百分之十八。这一点较少人知道，是个好办法。

西西里之旅（上）

自从看过《教父》这部电影后，我就迷上了西西里，一直希望有一天能到那里去。虽然知道已看不到那时的情景，但至少有些踪迹吧。这次终于实现了这个愿望。

本以为西西里是个小岛，到了方知，它原来是意大利本土之外最大的岛，有二万五千多平方千米，从一头到另一头还要乘飞机呢。人口有五百万。它位于意大利的最南端，被地中海包围着。

半夜从香港的机场出发，经时差，在同一天的清晨七点左右抵达罗马，然后转意大利航空的国内航班，飞不到一小时，就来到西西里。

西西里的首府是巴勒莫（Palermo）。但我们在东面的另一个大城市卡塔尼亚（Catania）机场降落，再一路北上。这是一条最佳的旅游路线。

抵达时已是中午。我们到当地的一家五星级酒店吃了午餐，酒店是中东沙漠旅馆式的，吃的是一些海鲜，还不错，但没有留下特别的印象，可能有点疲倦了。

上车，小睡一下，两小时后到达陶尔米纳（Taormina）。由于大巴爬不上山顶，于是换了七人座的小车，经过弯弯曲曲的小路，才看见我们第一天住的圣多米尼克酒店（Hotel San Domenico）。

打开窗，见夕阳，还有山下的小屋及大海，用风景如画来描述绝不过分，可以媲美被誉为最漂亮的卡碧岛（Capri）。

这家酒店由十五世纪的一座修道院改建而成。西西里曾经被希腊人、罗马人、拜占庭人和游牧民族统治过，其建筑具有独特的风格。

整个酒店占地数百亩，但房间并不多。可能是因为德国最著名的作家歌德曾在这里下榻过，"二战"前德国人死都要将它买下，当时的住客之中也掺杂了不少英国间谍。

除了歌德，其他鼎鼎大名的艺术家不算，仅作家就有大仲马、劳伦斯、莫泊桑、罗素、史丹贝克，更不能忘了王尔德。

餐厅一共有四个，我们选了在阳台的那个。西西里一年没几天阴天，不必担心下雨。这晚是中秋，大家没有因为外国而感到月亮特别圆。大家的心情是欢乐的，美食上了一道又一道，香槟开了一瓶又一瓶。最受大家喜欢的，是鹧鸪牌甜汽酒"Moscato"，众人喝得大醉才回房。

翌日的早餐可算丰富，虽然没有苏格兰早晨的分量那么大，但选择之多，令人眼花缭乱。数十种烤得热烘烘的面包，配无数的果酱，五颜六色，其中还有黄芥末以及白色的奶油酱。奶酪、果仁、水果、蛋糕、冰激凌、芝士、蘑菇、肉丸、香肠、火腿、鸡蛋、青菜，果汁当然不能缺少。罕见的是鲜榨的杏仁汁，最后还有可医治宿醉的"回魂水"——蜜桃汁加香槟酒。

饱了，我们折回卡塔尼亚（Catania）去。那边有个鱼市场，渔船上岸就做买卖。现在的市场是填海填出来的，但海产依旧，热闹得不得了。

前来迎接的是"Il Sale Art Cafe"的老板安德烈和他的非洲籍女友，其女友充当英语翻译。安德烈四十岁左右，一派艺术家打扮，热情得很。他父亲是个画家，本来想让儿子也和他一样，却不料儿子喜欢上做菜，只好依他。但他父亲也开出了条件，餐厅的名字和设计图案要经他的手。

安德烈带着我们一路到各家他熟悉的海鲜档。见到新鲜的鱼虾，大家兴奋得跳起来。

海鲜档中售卖的剑鱼特多。这种巨大的吞拿科鱼类，肉并不肥。当地人多数把鱼头斩下，拿去煲汤，所以我们看到的都是一个个的尖鱼头。

多类型的鱼，如牙带和石斑，都已经见过。一见有鱼内脏卖，就想到不如请安德烈来做。他带我们来的此处的目的，也是让我们挑选什么，他就做什么。

又见到一大块一大块的鱼卵，我要他煎来吃，他却说不如当刺身。哈，原来西西里岛上的人都好此道，正对胃口。我又买了很多种没试过的鱼精子，他都说可以生吃。

来到另一档，他即刻拿了虾就那么剥来给我们试，我当然勇敢尝之。地中海鲜虾本来就甜，当刺身并不比北海道的牡丹虾差。

又去了专卖贝类的海鲜档，我见到新奇的贝类都会打开来试。有的味道像小圆蛤（Cherry Stone）和小帘蛤（Little Neck），外形不同而已。安德烈拿起一种，说这个最珍贵，你一定没吃过。他女友将它翻译成"鲍鱼"。我笑着说，鲍鱼是大的，这种小的叫"九孔"，你不相信看看壳上有没有九个洞。结果令安德烈折服。

逛完鱼市场，兴未尽，他又带我们到干货店。干货店卖的多数是各种果仁。其中，杏仁最多，当地产的，价钱便宜得不得了。看到刚剥落的核桃，一个有大人拳头那么大，没见过的人不会相信。

我看到一堆黑色和一堆紫色的东西。大家都知道没有吃过的，我一定会抓来试。我们让店家各切下一片，逐一品尝。原来，前者是仙人掌果干；后者为已榨了汁的葡萄剩下的皮，加大量的糖，压缩后制成的饼，是穷人家的恩物。葡萄皮饼味道香醇清新，我一吃即爱上，买了一大包回酒店，肚子一饿就拿来充饥，喜欢得不得了。

买完了菜，可以到餐厅去煮了。

西西里之旅（中）

返回餐厅的途中，看到菜市场中有一档卖牛杂的，非试不可。

档边摆着一个厚铝皮制的大锅，小贩一打开盖子，香气扑鼻，从里面捞出一个大牛胃来，就在砧板上切碎，除了海盐，什么其他调味料都不加，连胡椒也不撒。切完后分成一小撮一小撮的，每撮卖一欧元，好吃得要命。

接下来是牛粉肠。其他地方的外国人一定会把粉挤掉，这里的保留，和中国人的吃法一样。口感极佳，毫无异味。接下来是肝脏、大肠、小肠等。印象深刻的是白煮牛乳房，果然有点牛奶味。

最好吃的是牛血肠了。把新鲜牛血灌入大肠中，煮熟了再一片片切开。有些人起初吃不惯，不敢动手，但看别人吃得津津有味，也就放手试了一下。好家伙，一吃上瘾，停不下来。意大利人吃内脏的文化，并不逊中国人。

如果把那一锅汤舀出来喝一定美味，但这点他们倒不懂得了。

　　旁边有家人卖冰点。意大利少女把很大的一颗柠檬挤出汁来，加冰，又添一点点的盐，最后灌有气的矿泉水。喝了一口，又酸又咸，当然没有放糖的汽水好喝。但他们说，这样才最能帮助消化，而且对健康有益。这是西西里岛独特的喝法，我也照灌了几杯。

　　"Il Sale Art Cafe"躲在卡塔尼亚市中心的一条小巷里，旁边还有一间小裁缝店，店主坐在门口，一针一线为客人制作西装。店主非常健谈，教我甄别全手工和工厂流水线制衣的不同。真想请他为我做一件，但路途遥远，不能依照他所说的试身三次，作罢。

　　餐厅不大，全白色的装修，墙上挂满当代绘画。原来，这里也常为新艺术家举办个人作品展。

　　女招待身穿印着该店标志的 T 恤，人长得高高瘦瘦。意大利少女真好看，但结婚后会是什么样子，就不敢想象了。

　　我请她当模特儿拍一张照片，她亲切大方地说好，但我拍的是她身上的图案设计，她有点失望。拍完之后，我再拍她的特写，又要求合影，她这才开怀地笑了。

　　生的东西吃得多，肚子开始咕咕作响，我知道非采取"紧急措施"不可，那就是灌烈酒。叫了一杯"果乐葩"（Grappa）。这种酒由葡萄皮和梗酿制而成，本为最低廉的"土炮"，但近年来被美食家欣赏，已开始精制，用最好的葡萄去肉制成。

　　我叫的那款果乐葩是以最甜的葡萄莫斯卡托提炼而成的，略带甜味，非常容易入喉。店里的调酒师见我懂得选择，大乐，一连给我介绍了数种岛上做的酒。我连饮数杯，胃舒服多了，人也飘飘然起来。我一向称此佳酿为"快乐酒"，一点也不错。

　　老板安德烈躲在厨房忙碌，菜一碟碟不停地捧出来。他先把各种罕见的海鲜炸了、煎了、煮了来吃。我最有兴趣的是鱼卵，说要生吃，看他怎么制作。

　　原来他把金枪鱼腩部（Toro）刺身剁碎，再将生鱼卵挤进去，搅拌一下，撒点海盐，就那么上桌。一吃，清甜无比。因为新鲜，一点腥味也没有。起初觉得怕怕的团友们，都大嚼特嚼。

　　看到一只只如铜板的生鱿鱼，什么调料也不用，就想那么抓来吃。安德烈说等一等。他拿起一只，剥开了，取出小块的骨质东西。原来这不是鱿鱼，是小只的墨斗，当然得剔除硬斗才行。

接着上的是地中海龙虾、剑鱼汤以及各种不知名的鱼，都非常之肥美。最后的甜品也很花心思，碟中用巧克力粉绘了店里的标志，蛋糕和冰激凌放在中间，再加上各种芝士。

如果爱吃刺身和海鲜，逛逛菜市场，再来这家餐厅大吃一顿，已经值回票价了。

从卡塔尼亚出发，沿途见到了西西里岛最大的活火山埃特纳火山（Mount Etna），据说几天前还爆发过。导游说，因为火山爆发，他还担心我们来不了了。火山在日本经常看，也去火山口近观过，这里就不必了吧，只是远望。

中午在一个小山城吃饭，房屋依山而建，是意大利独特的风格。爬上去，古城的全貌尽入眼底。每个角落都是美丽的风景，加上蓝天，拍成照片，一幅幅沙龙作品就问世了。

晚上抵达希腊人留下来的神殿，入住雅典娜别墅酒店（Villa Athena）。虽然酒店只有四星级，但全白色，干干净净，设计新颖，非常之舒适。望着点亮灯的神殿，吃过晚饭回房休息。

一大早游神殿。这里的东西保存得比希腊的更完整。真想不到，研究希腊建筑，还要跑到西西里来。古迹旁边添加了后人立的铜像，有大头的、有立着的、有躺着的，巨大无比，陪衬着神殿的石柱，更觉宏伟。

西西里之旅（下）

车子一路往西西里的首府巴勒莫（Palermo）驶去，沿途种满了仙人掌树。真的，除在墨西哥外，我就没看过那么多的仙人掌。

正是果实成熟的季节，仙人掌树上长满一粒粒马铃薯般大、褐色的仙人掌果。果实的样子并不吸引人，我在罗马的菜市场见过。这里的产量太大，已经没人去采，任它们自生自灭。要是中国人来了，可要大大地做一笔生意。

在海边的旅馆小憩时，见花园中也有很多仙人掌，果实是鲜红颜色的，有的还红得发紫。忍不住，伸手去摘一颗来拍张照片。手指按在刺与刺之间，用力拉，它却说什么也不肯剥脱，挤出红颜色的汁液来。放在唇上一试，哎呀呀，天下竟有那么甜的液体，真后悔没弄一堆来吃。

终于，我们来到巴勒莫。环视四周，都是高山峭壁，城市怎能建在此地？远处有间小屋，写着"向黑手党说不"（No Mafia）几个大字。

原来，当地曾出现一个清廉的"反黑"专员，差点将"黑手党"连根铲除。但对方也不好惹，在那间小屋用望远镜监视，待专员的车队到来时，用遥控炸弹将他炸死了。为了纪念这位专员，市民立下此碑。

巴勒莫本身也不是一个可爱的城市，古老、阴沉，建筑物也不是很有特色。我们来到一家米其林星级餐厅，这里由一位来自东京的大厨坐镇，但做出来的菜都是大路货。吃完，大厨前来问意见，我用日语把他大骂了一顿。

住的旅馆虽说也是五星级，但普通得很，没留下什么印象。但巴勒莫不可不来，此行的高潮是到被誉为"世界最佳料理学校"之一的"Casa Vecchie"上课。

学校在瓦莱伦加（Vallelunga），距离市中心有一个多小时的车程。学校里种满各种果树、香草，占地数万亩，像个世外桃源。

这间学校由安娜·塔司卡·兰扎（Anna Tasca Lanza）创立，她父亲是个有名的酒庄主人。她长大后嫁给了兰扎公爵，于是拥有了这个大庄园。她的《西西里之心》（Heart Of Sicily）《西西里风味》（Flavors Of Sicily）《西西里乡村的香草和野生蔬菜》（Herbs And Wild Greens From The Sicilian Countryside）《濒危水果园》（The Garden Of Endangered Fruit）等英文书我收集齐全，向往已久。

可惜，安娜于 2010 年逝世，当今由她的女儿法布丽娅·兰扎（Fabriria Lanza）承继。法布丽娅也有五十岁左右了，是位高大优雅的女士。

法布丽娅一点架子也没有，当自己是家庭主妇。她先带我们走入厨房，也是她的教室，拿出来一瓶瓶的酒和一大堆芝士。

西西里芝士多数用蜡封住，做成一个小葫芦状，上小下大，像个乳房。甜品更像乳房，丰满的半圆形蛋糕，顶上放着一颗樱桃，当地人称之为"维纳斯的奶奶"。

还有各种新鲜的羊奶芝士，均为当天早上做的。至于酒，都是自己酿造，没有贴牌子。红白餐酒和玫瑰酒让我们喝个不停，饮之不尽。未开课，人已醉。

说到西西里的名酒，印象最深的牌子是"Donna Fugata"。"Donna"是"女人"的意思，而"Fugata"则是"逃掉"之意。我们一路上喝这种红酒，都用粤语笑说是"走路老婆"。

授业开始。这次的速成班做四道菜：鹰嘴豆饼、野茴香沙丁意粉、茄子杂菜和新鲜薄荷烤羊肉。

鹰嘴豆饼很容易做。用豆粉加水打匀成糊状，放在碟上一下子就干，然后切片油炸。这是很好的下酒小菜。

野茴香沙丁意粉的做法：把面条煮熟，再将新鲜茴香菜切碎，沙丁鱼煎好，放入搅拌机内打成酱，加洋葱、松子、葡萄干和胡椒，淋在面上，拌后非常美味。做这道菜的秘诀是加大量的番茄酱。那是用一百公斤的鲜西红柿，压成酱后晒三天，等到水分蒸发了再制成一公斤的酱。如此，想不好吃都难。

茄子杂菜则是将茄子切丁，加橄榄、芹菜，再以小咸鱼及醋吊味，炒成一碟。

当天没时间把羊肉炖好，只是用烤的，没什么学问，不谈也罢。

学做的四道菜就是我们的午餐。意粉最美味，我们都能学以致用，回香港也能做出这道好菜来。意大利人吃意粉，有时也下乌鱼子。我告诉老师，下次她来香港，我做大闸蟹拼意粉给她吃，又将做"秃黄油"的过程描述一番，听得她大流口水。

好友的子女都有心当大厨，跑去法国蓝带或美国饮食学院读书。但如果是我的话，我会到这个学校去学。老师会讲英语，又是一对一的教学，可以住在学校里面。每天早上和她去选食材，去花园中采香草，做完午餐后小睡，醒了再进厨房准备晚宴。吃过芝士，和老师一边饮餐后甜酒一边聊旅行经验。在这里住上三个月或半年，不可能烧不好意大利菜。

　　各位若有兴趣不妨一试。老师与我一番交谈后，已成为老友。我怕我的名字难记，告诉她我的英文名叫"Mario"（马里奥）。诸位与她联络，说是来自香港的"Mario"介绍的，应该更容易熟络一些。该校只在每年三月至五月、九月至十一月开课。

威尼斯之旅（上）

威尼斯已来过多次。之前都是由陆路前往，这回从机场到市中心，坐一个多小时的"水上的士"，才知辛苦。对面一有船来，即刻掀起巨浪，摇晃得厉害。晕船的人脸已铁青，饱受老罪。

从机场到市中心距离并不远。我们只知道空中有交通管制，没想到水上也有，船速缓慢，尤其到了游客区的大运河，更像龟行。

建筑在一百一十个岛上的威尼斯，以桤木（Alder Tree）树干插入海中，用木无数，才能组织成地基。桤木是防水的，但经过近千年的浸泡也已腐烂。整个城市已开始下沉，一涨潮就淹水，要去趁早吧。

安缦威尼斯大运河酒店由十六世纪的著名设计师设计，气派万千。酒店重新装修后尽量保持原貌，特大的房间墙壁漆白，每一间都有燃木壁炉，简单中见豪华，舒适到极点。

从码头进入高楼顶的游客层，爬上大理石楼梯，经过无数的壁画、灯饰、家具。所有的陈设仿佛都原封不动，有如一家可以住人的博物馆。入住这里，也像被当年的贵族招待到家中吃饭。

最喜欢安缦的酒吧，各有特色。这家的酒吧在巨型的镜子前面摆着你能想象到的各种名酒，还有一个巨大的银制煲茶器，当然也是古董。来到威尼斯就得喝杯贝里尼（Bellini）。这种酒由有汽白酒和水蜜桃汁混合而成。当然，在发明此饮的奇普里亚尼酒店喝到的最正宗。当今，全世界的酒保都会调这种酒，但是如果不是盛产水蜜桃的季节，用蜜桃罐头的汁来调的话，就要被人笑外行了。

安缦的餐厅水平一直被称赞，晚上就在这里吃，真是一流。大厨所选的芝士，更表现出他的品位。是哪一位名师呢？

大厨走出来打招呼时，很意外地看到一个日本年轻人，蓄着小胡子，一表人才。他自我介绍时谦虚地说来意大利才十年，经验还不够。

说笑话吧。意大利人如果未领略到其过人之处，才不会让一个外国小子来当主厨。

这位叫藤田明生（Fujita Akio）的大厨，认出我在《料理的铁人》当过评判，很亲切地用日语和我寒暄了两句。我乘机和他约好，明早一起去买菜。

翌日一早，藤田带我走出后门。其实也不算是后门，而是另一个由陆路来的入口。花园中种满巨树，像在英国的乡下村屋多过置身于水上之都。

已是早上八点，还有很多店铺尚未开门。我们在小巷中穿梭，没走多远就到达菜市场。想起多年前，金庸先生邀请我游威尼斯，我单独一人在这菜市场溜达，构思了一个叫《黑轻舟》的鬼故事，犹如昨日。

市场中最多的是海鲜档。各种鱿鱼墨斗八爪鱼，样子和我们的一样，但肉味和口感完全不同。他们这里的怎么煮都软熟，不像我们的那么硬。尤其是，墨斗的香味更浓，墨汁也不腥。

其他种类，味道区别最大的是虾。有些虾还剥头脱尾，香港人见了不会碰的。这种虾出奇地香甜、味浓，一碟意大利粉或米饭中放几只下去，即成天下美味之一。

小公鱼也很新鲜，有的肚中还饱饱地充满着鱼子，怎么制作都好吃。刚刚剥开的鲜贝也诱人。大尾的鱼很多，金枪鱼就显得太普通了。我一看到比目鱼就知道要怎样做，和藤田商量，他大喜，说自己也好久没试过，今晚一定好好烹调。

蔬菜档中，香港人会感到好奇的是朝鲜蓟（Artichoke）。这是一种盛产于地中海沿岸的菊科菜蓟属植物，其音译名甚美，叫"雅枝竹"。最令人惊奇的是,它不只呈绿色,还有紫色,像一朵朵的花。

做蔬菜,西班牙人会把蔬菜整个丢进火炉中,把外层烧焦了,剥开,只吃其心。意大利菜里的蔬菜多数是水煮的,当沙拉吃。威尼斯什么都贵,时令的菜却比香港便宜得多,掷下五欧元,就可以买两三公斤,一大堆捧走,让大家吃个够。

西红柿是意大利人的命根儿,不可一日无此君,各式各样的,有的还红绿条斑相间,神奇得很。当今,西红柿在意大利已几千亩几万亩地用温室种植。从飞机上看下来,温室改变了大地的景色,以为平原是塑料构成的。

大厨先将一大袋一大袋的食材搬回酒店。我留下,在市场周围的小商店找到了各种海鲜罐头,还有乌鱼子。意大利人常将乌鱼子搅碎了撒在意粉上面。希腊人、土耳其人也都爱吃乌鱼子,我买了很多,接下来的旅程里,不必只用开心果或花生米来送酒。在酒吧中请女招待拿去厨房片开,整齐地排成一碟碟,让周围的酒客羡慕去吧。

鱼市场的墙上挂着一大幅海报,是海明威逛市场时拍的照片。我可以看到,他是用徕卡相机取景的。

　　还有什么地方能比在市场附近吃早餐更好的？一大早，小店的老板已肯为我做海鲜饭和意粉，另将一些活鱼片成刺身。可惜他们没有酱油文化，只用橄榄油和陈醋来蘸。一大早，原本不想喝酒的，但看到面前那堆佳肴，怎么忍得了？

　　来一瓶"G. Menabrea E Figli"啤酒吧，意大利一向不以啤酒见称，但这家啤酒厂已开了一百六十年了，味道不错，值得一喝。

威尼斯之旅（下）

威尼斯说小也很小，如果你只在圣马可广场周围的商店街走走的话；说大也大，你可以到周边的很多小岛去，像制造玻璃的小岛，房屋五颜六色的。还是市中心最有趣，如果走进每家店铺仔细看，至少可以逛五六天。

我当然是先到卖笔和纸张的文具铺去。这里有用羽毛制作的书写工具，笔头是玻璃的；还有各种墨水，含着花香。帽子店亦多，著名的博尔萨利诺帽（Borsalino）也在此开分店。巴拿马草帽我已有不少，但这次出门忘记带来，便在其中一家帽店买了一顶贡多拉船夫戴的那种，蓝丝带边，打个结，拖下两条尾巴，一看就能让人想起威尼斯。等到它残旧了，就在帽上画画，应该也特别。

有家卖咖啡器具的，各种颜色、款式均有。从最简单的小煲仔到最复杂的电器产品，再到变化万千的咖啡杯碟，非常齐全。喜欢喝咖啡的人一定会在此流连忘返。

　　似乎每家店都是专卖店。有家店只售口琴，让我想起黄霑，要是他来到这里也不会走开吧。我是"冰激凌痴"，来到意大利不吃冰激凌怎对得起自己？最出名的当然是"闻绮"（Venchi），但当地人会选"Gelateria Cá D'Oro"。吃过后发现，这家的冰激凌的确又滑又香。开心果冰激凌最为流行，但我还是最爱纯牛奶的或加了焦糖的。这家店，我一连去了三次。

有一家叫"白"（White）的冰激凌店最为特别。好像在雅典也看见过它的分店。自己喜欢拿多少就取多少，取后到柜台去称量，以重量算钱。店里挤满小孩子，还有我这样一个老头。店的附题写着"Puro Piacere"，是"纯粹欢乐"（Pure Pleasure）的意大利文。

圣马可广场到处是一团团的中国游客，能避开就避开吧。游览的话可以在清晨或深夜去，整个广场静得像有鬼出现。出些费用，就可以请到会讲英语的导游。我们运气好，一连几次请到的都是意大利美女导游。

夜游公爵府是很过瘾的。旧时，威尼斯的统治者不自称皇帝，只叫公爵。预先申请的话可以让导游带你进去，详细地参观。壁上的巨大油画，记录着公爵当年的功绩和世界各国使节前来拜见的盛况。沿着这条参观路线愈走愈远，可步行到叹息桥的内部。在这里，可以体验与罪犯在同一个角度，从窗口望威尼斯最后一眼。

我不明白，为什么衣服皮包随便买，就不肯花点钱办私人游览。在白天，漂亮的导游带我们爬上圣马可的钟楼，看它内部的构造，从钟楼高顶俯览整个威尼斯。一家家的阳台，有的是住宅，有的是小旅馆。如果在网上查足数据，就可以租上一个星期，还会有当地的家庭主妇烧正宗的意大利菜给你吃，深入感受当地人的生活。

还是走入人民当中吧。只要精力足够，可以步行几小时，从小巷中走进一个个的广场，广场中间必有一口井。咦！威尼斯建于海上，挖下去也是海水，这口井有什么用？原来这些井不是直掘而是横挖，像蜘蛛网一样在地底辐射，收集雨水贮藏起来。真是聪明！

再经过无数的桥，其中有一座叫"Ponte de le Tette"（奶奶桥，又称乳房桥）。"Tette"这个字眼多次出现在费里尼的电影中，他对上了年纪的女人的大胸部特别迷恋。这种迷恋只是出于童真，没有半点不妥之处。去了西西里，还可以发现有种蛋糕样子有如乳房，也叫"Tette"。

有年来到这里，适逢这里举办"嘉年华"，大家都戴上面具上街游荡。游客来到"奶奶桥"，纷纷剥了上衣拍照。

从"奶奶桥"再往前走，就能看到一座巨宅，庭院幽深，非常高雅，种满了花，里面的人也衣冠整齐。大门外有块红色的牌子，写着"Centro Salute Mentale"，原来是家"疯人院"。

另一条深巷中开了家"天津饭店"。如果各位在我的游记中看到我去光顾中国饭馆，就表示那个国家的菜难于下咽了。这次在意大利，出门那么久，却没想过。

"Rialto Gel"开在"奶奶桥"附近，是专做海鲜的餐厅。

其实在意大利，除了比萨店外，食物都有点水准。不明白，为什么有人那么欣赏比萨，我认为那是天下最难吃食物之一。

在餐厅中叫了一瓶冰冻的莫斯卡托甜白，贴纸上画着只鹌鹑，名叫"Bricco Quaglia"，为"最好喝的意大利汽酒"之意。

喝一口就快乐的是"果乐葩"，本来这算是餐后酒，像白兰地一样。我才不管，照喝，只要我高兴。在威尼斯最高级的海鲜店"Linea d'ombra"看到瓶二十年的"Grappa di Barolo"，即刻叫来配海鲜。当晚刚好有已经罕见的蓝龙虾，请大厨做意粉好了。大厨的表情好像是说食材难得，怎可只做个便饭？

临离开前在酒店吃大餐。藤田很满意地捧出一大碟鱼。那是我们在海鲜市场买的比目鱼，很大条，一共买了三尾，只取其边。比目鱼的边是绝品，生吃固佳，煮了吃也很不错。煮后的比目鱼骨头上也沾满啫喱状的骨胶原。

我吩咐藤田用日式的"煮付"（Netsuke）炮制，即用清酒、味醂、糖和酱油来红烧，一面煮一面淋汁，看鱼刚刚熟即停。这种做法不逊于中国人的清蒸。

藤田说，他自己也好久没尝试过这种做法了。当晚捧出来时他神情兴奋，见我们吃得津津有味，大乐。

重访意大利（上）

很久未到欧洲了。得到一艘叫"盛世公主号"的邮轮的邀请，叫我去试一试。

正合我意。

一般来说，邮轮坐太久我会觉得闷，但这回是这艘邮轮的"下水礼"，从的里雅斯特到罗马，只要五天时间，中间还会在黑山停靠一下。时间虽短，但也能达到我去意大利的目的——那就是买手杖了。

早几天，我和公司旅游部的主任张嘉威从香港飞抵米兰。此君在意大利留过学，有他陪伴，言语交流无问题。

坐半夜的航班，上机即刻吞了半颗安眠药，一觉醒来已到达。经时差，米兰当地时间是清晨。我到米兰一向住四季酒店，但张嘉威说阿曼尼精品旅馆有房间，可以试试，我也就点头。这家酒店并没太大的特色，曾在迪拜住过同一家，并无惊喜。

　　我们男人，要买什么东西心中早已打算好。入住后，我们直奔一家叫"Bernasconi"的男士精品和古董店，一眼就看中一根银制手柄的手杖，一按机关出现暗格，里面可以藏一根雪茄，即刻买了。其他并无入眼的东西。

　　午餐安排在市中最古老的餐厅"Boeucc"。这家餐厅始创于1696 年，即清康熙三十五年，曾接待过当年的皇亲国戚。当今，餐厅还是那么古典优雅，一点也不陈旧，一点也不过时，绝对不是三百多年前的古迹。

本来，此行还想去产米的地区吃鲤鱼。什么，意大利也产米？年轻人没听过，更不知有一部电影叫《粒粒皆辛苦》（Bitter Rice）。当年有一张海报，女主角肖瓦娜·曼加诺挺着胸，隐约可见的乳峰已令全世界年轻人喷出鼻血。我曾经到过电影拍摄地点。产米的地方就有水田，有水田就有鲤鱼。意大利人把米塞入鲤鱼肚中，做出一道菜，让我难忘。我问过许多意大利人，没有人听说过。

产米地区不在行程之内。这次吩咐张嘉威左找右找，终于获悉，"Boeucc"有个老厨子会做这道菜。这道菜，我吃得又开心又感动。米用蘑菇和肉碎处理过，再塞入鱼肚炊熟，鱼皮略烤后上桌。不错不错！

叫了一碟小龙虾。意大利的小龙虾和中国的小龙虾种类不同，有长螯，虾味特别浓。小龙虾肥美时用来煮意粉，真能吃出地中海的味道来。最新鲜的海产，生吃最妙。小龙虾刺身上桌，身上的壳被剥了，留下虾头给客人吸啜里面的膏。

接着来个小牛腰煮白兰地，又特别又好吃。不吃意粉是说不过去的，来碟鲜蛤拌意粉。午餐不能吃太多，要个甜品吧，老店一定有水平。正在看菜牌，侍者推出一辆甜品车，令人眼花缭乱，最终选了两种。一种是像冰激凌一样的"Panna Cotta"，淋上了杞果酱。另一种是用时令的橙子做成的。我一向怕酸，但这里做的是把橙肉煮了，上面铺着用糖浸出来的橙皮，刨成一丝丝的。橙肉配橙皮同吃，就不酸了。

埋单，便宜得令人发笑。我重重打赏了为我做鲤鱼饭的师傅。

饭后，再去逛几家手杖店，都没有合我意的。这时，想起购物街有家叫"洛伦西"（Lorenzi）的刀店。有次，查先生请我去米兰，他在那里买了多把小刀。查先生有收藏小刀的嗜好。我记得那店里也售卖手杖，就去走一趟。去了才发现，那家店已经搬走了。购物街原本只有"Cova"（科瓦）和这家"Lorenzi"我最熟悉，前者还在，后者没了，米兰城好像少了一个地标。穿过半个米兰城，终于找到了这家店的新址，可惜店里的手杖种类也不多，没买成。

来到米兰，原本必去的是拥有最大拱廊的米兰大教堂。但此地已来过多次，当今又挤满东方游客，另有一大堆罗姆人在此寻找下手目标，还没什么好食肆，这回不去也罢。

到了米兰，才发现四月的意大利已那么热，阳光猛烈，非常刺眼。好在我的行李之中有冬夏两季的衣服，能够应付任何天气。但是，忘了带帽子呀！

　　还是逃不出米兰大教堂的掌控，驱车到大教堂进口处的帽子老店"Borsalino"。这家店的巴拿马草帽最多，然而巴拿马草帽并不是在巴拿马造的，而是产于厄瓜多尔。

　　在橱窗中就看到我想要的。巴拿马帽我已有多顶，就是少了一顶可以折叠的。这顶帽子装在一个精美的木制长方形盒中。我买的这种算便宜的，最贵的帽子可以卷起来装进雪茄铁筒中。当今，这种手艺已失传了。

　　功德圆满。返回阿曼尼酒店的餐厅，胡乱吃了一顿。本来应该到外面找好餐厅，但实在已经很疲倦，吃完倒头就睡。

　　第二天一早出发去酒庄，雇了一辆中国司机的车。我问他哪里有最地道的早餐，他回答意大利人并不注重早餐，只是咖啡外加一个甜包。这也好过在酒店吃自助早餐，停在路边的小店，叫了茶，喝完上路。

　　太阳猛烈，戴上帽子。想到太阳眼镜在"和尚袋"内，伸手一摸，即刻冷汗直冒，才知道"和尚袋"忘在了咖啡店中！这次完了，欧元没了也可以再赚，若是遗失了护照和香港身份证，可不是闹着玩的。完了，完了。

重访意大利（中）

脑子里做了许多准备：护照不见了要去哪里补领？米兰有没有新加坡领事馆？得飞罗马吗？邮轮是赶不上了，少我一个也没有办法呀！最多赔偿他们机票费，但要在意大利等多久呢？

叫司机折返咖啡店。他知道希望渺茫的，也沉住气，载我回咖啡店。冲进店里，"呀"的一声，那黄色"和尚袋"还好好地挂在椅背上。已经过了大半个小时，没人去动它。

心中大喜！谁说意大利小偷多？小偷多是移民或流浪汉，寻常的意大利人还是老实的。从袋中拿出几百欧元给咖啡店老板，要他开香槟请餐厅客人饮。这个留着整齐小胡子的大汉摇摇头，很自傲地说："没事！没事！不必！不必！"

虚惊一场，继续上路。走了两个多小时，在公路上一个休息站停下。意大利的休息站不像日本的，各地都有不同的土产。这

里千篇一律地卖可口可乐和"M&M"巧克力。看了一会儿，唯一值得入手的是一大包杏仁糖，一颗颗用纸包着，像我们的陈皮梅。打开一看，里面有透明纸包着的像饼干的东西，一咬，甜得要命，但杏仁味极重，很有特色。诸位看见了，不妨买包试试。

从米兰到酒庄的路程差不多要四个小时。中午，酒庄的好友莲莎请我们到附近一间教堂旁边的小餐厅吃饭。这个季节，遍地都开满黄色的小花，仔细一看，原来是蒲公英。蒲公英一身是宝，可以炸来吃，晒干了还能当药用。

我和莲莎相识，源于多年前我写了一篇关于意大利烈酒"Grappa"的文章，把酒名译成了"果乐葩"。当年，莲莎还在北京留学，托人找到了我，从此大家成为好朋友。她任职于生产果乐葩的酒庄。果乐葩的瓶子很特别，有玫瑰花、帆船等形状，都很有艺术性，酒也好喝。果乐葩本来是意大利很低端的酒，是用葡萄皮酿制而成的，但经他们的宣传和提升，现已成为酒徒珍品。当今，酒厂把葡萄肉扔掉，只留下最好的皮来酿酒。

"为什么用皮不用肉？"

当人家问起时，莲莎回答得很直接："葡萄的香气在肉还是在皮？你说说看！"

以前也组过团专门参观了他们的酒庄，当时规模很小，当今在意大利已是数一数二的了，各地的免税店都能找到他们的产品。

这次造访，老板不在，由莲莎带着参观。周围的地皮也让他们买了下来，种了有机葡萄。我用手机把酿酒过程拍了下来。可惜现在不是葡萄成熟的季节。大家约好，在九月的收获期再来，到时将会是一个几天几夜的大派对，大家一定会玩得高兴。

傍晚，莲莎带我们入住酒庄附近的一座叫"Castel Brando"的古堡。古堡已重新装修成精美的酒店，很是气派。莲莎要请我吃大餐，我说这几天已吃得撑了，再也吃不下。她说那么来一些前菜下下酒，主食免了，如何？

在古堡的地下室餐厅设宴。所谓的前菜，一大碟一大碟地上桌。怎么还有？怎么还有？不停地问，不停地上。吃的是当地农家菜。早年意大利穷，什么都吃，尤其是内脏，这正合我意。什么肝和肚，大堆大堆地上桌，不像法国菜一小碟一小碟那么寒酸，吃得非常之过瘾。快要崩溃时，侍者前来，宣称要上主食，我即刻逃之夭夭。

　　古堡的 SPA（指水疗）是一流的，这一带属温泉区。意大利的温泉数目比想象中多，但不像日本那样发展得好，实在可惜。

　　翌日从古堡出发，一路是温泉乡，我也一一考察，看下回带团来可不可以入住。原来，这些所谓的豪华温泉酒店，只有一个游泳池般大的公众池，只是有人按摩罢了。我知道意大利有一些梯田式的露天温泉，下回考察后带大家去。

　　一路往的里雅斯特去，中间在一个叫帕多瓦的小镇短暂停留。这是个大学城，车子只能泊在外围，要走一段很长的路才能到市中心。当今，很多意大利小城都是这样，不然游客泛滥，难以控制。很多人嫌麻烦，我倒认为这是一个好制度。不想走路的话可以叫"的士"，上网一呼即来。

　　到了市集走一圈，印象中全是大红颜色，各种水果和蔬菜都红得厉害，什么形状都有，卖得也便宜。尤其是西红柿，不看不知道有那么多品种。如果把西红柿从意大利人手中夺走，他们就活不了吧。也有人说，夺走西红柿像把他们双手绑起，他们也不会说话了。

　　在城中最好的餐厅"Godenda"吃饭，这里专卖海产，叫了些意粉和鱼。餐厅的出品在香港可算是三星级的，在那里根本不算什么。

　　一路上有说有笑。终于，来到了的里雅斯特。

重访意大利（下）

　　的里雅斯特是意大利靠近亚得里亚海（Adriatic）的一个重镇，自古以航海业闻名。我从前在南斯拉夫工作时从陆路来过。我们乘坐的"盛世公主号"就是从这里首航。到了码头一看，哪里像船，简直是一座海上城市。

　　整艘船呈白色，漆着蓝色海浪的船头很是气派。中国人有钱了，美国人也为中国宾客量身打造，船上的种种说明，除了英文就是中文，威风得很。

　　整艘船的排水量为十四万三千吨，可载客三千五百六十人，船上有一千三百五十名服务员。船由意大利蒙法尔科公司制造。

　　邮轮徐徐开出海时，码头聚集了几千人。原来船长是的里雅斯特人，几乎所有同乡都出来送船。

　　这次邀请上船的都是传媒从业人员，当然以中国的为主。我是明星顾问团的成员。艺术顾问是常石磊，时尚顾问是吉承，亲

子顾问是田亮和叶一茜，吃的方面由我负责。

　　船上有多间餐厅。一般的美国邮轮都要求平等，所有吃的都一样，也就没什么特色。此船有些餐厅是要收费的，所以起了变化，吃的花样也多了起来。我们一间间去试，当然最多人去的还是中间最大且免费的那家。

　　常石磊是北京奥运会主题曲的创作人，身材略胖，为人风趣，常惹得大家笑哈哈，众人都昵称他"石头"。

　　五天航程很快就过去，中间还在黑山停了一站。和其他港口一比，黑山没什么看头。我们到当地菜市场一逛，发现这里卖的腊肉火腿便宜得要命，众人都买了一大堆回来。

　　到了罗马，大家依依不舍地道别。这次住的是芬迪私人套房

（Fendi Private Suites），就在西班牙石阶转角，整间酒店只有七间套房，装修得平凡之中见功力。所有职员都穿得很光鲜，连大门的管理员也是个子高挑的黑人美女，一身"芬迪"（Fendi）打扮。

当然先去找手杖了。可惜走了多间，都是一些我买过的样式，别无新意。还是找吃的吧。

去了我最爱光顾的肉店"Roscioli"（注：餐厅名）。我原本以为走进去就是，事先没订座，到了后发现餐厅里挤满了人，不知要到几时才能等到座位。我走到柜台前，找到一个像是主任的肉贩，向他要了几饼最好的乌鱼子。

很多人以为只有中国台湾地区盛产这种东西，却不知意大利人吃得更多。他们最常做的是，把乌鱼子捏碎了，撒在意粉上面。"老饕"皆好此物，而且卖得非常贵。

我接着要他推荐其他腊肉及火腿，价钱不论。他知道我识货，说会切一碟他引以为傲的，让我试过之后再买。我说我没地方坐呀，他用手势示意我等一下，接着的当然是店里最好的招待。

我又叫了小龙虾。这里的小龙虾比我在米兰吃的更大更鲜美。接着来各种刺身，再叫了一瓶我最喜欢的莫斯卡托甜白。酒的招牌上画着一朵花，味道和"野雉"牌的一样好。

腊肉上桌，林林总总。最好吃的是全肥的腌肉，一点也不腻。

别人看了会怕得逃之夭夭，我却认为是天下美味之一。另外，此君介绍的风干猪颈肉也是一流，大家各自买了一些带回香港。

太饱了，什么地方都不想去，回房，在这家酒店好好享受一下。

到了傍晚，下雨，适合出去散步。

西班牙石阶的名店街大家都会去逛，但就是不怎么去在旁边的"Babingtons"（注：茶室名），我躲了进去。这家从1893年开到现在的茶室还是那么优雅。它由两位英国女子创立。当年，天下是男人的，男人们聚集在酒吧，女士没地方去，于是开了这样一个场所，让大家来谈谈"八卦"，在当时算是很前卫的。那时还是清光绪十九年。

晚饭，张嘉威约了在船上遇到的两名女子一起吃，这最好了。我告诉自己，要把店里的食物叫齐才甘心。这家在香港最贵的意大利餐厅"Da Domenico"，其罗马本店的食物又如何？

前来的两位女子分别拥有公众号"Justgo"和"雅丽的好物分享"。能被公关公司看中并邀请上邮轮的，都大有来头的。她们各自在网上撰稿，拥有大量的粉丝，这是以前写作的人做不到的事。这也证明了，只要有才华，谁都可以出人头地，不必靠报纸杂志等传统媒体，更印证了天下再也没有怀才不遇这回事。

当晚喝了几个汤，要了鲜蚬意粉、腌肉宽面、蜜瓜火腿、芝士煮火腿、烧煮雅枝竹，还有香港分店卖得最贵的鱼等，其他菜记不得了。甜品更是吃不尽。另外，还点了果乐葩和甜酒。埋单，只是香港店不到一人份的价钱。

酒足饭饱，回去睡觉。

十天的旅程，一下子结束了。中午的飞机返港，要办退税手续，还是早一点到机场的好。

从前，我嫌麻烦，买了东西刷信用卡，退税也会退到信用卡上。当今已没有这种服务，这是非常非常不方便的。意大利旅游局会有什么好对策呢？期待期待。

匆匆忙走一趟

人生乐事，莫过于夏天到冈山采水蜜桃，秋天去阿士堤摘葡萄。今年受友人邀请，去了意大利另一个产葡萄的地区，靠近威尼斯。

和山度的交情已有数十年，看着他从小生意做起，到现在年产数百万瓶的规模，甚为欣慰。我们每年都会见一两次。他是一个很勤力外销的商人，常来香港。

"Bottega"酒庄大家也许有些印象，他们包装高级，把被认为廉价的葡萄皮酒果乐葩提升到另一层次。

说了很多年，在葡萄丰收时去他的酒庄，这次愿望终于实现。我们从米兰下机，直接驱车到酒庄附近一座叫"白兰度"（Brando）的古堡。这家古堡当今已改装成酒店，在这里休息了一晚。看到古堡名字，想到，也许马龙·白兰度是意大利后裔。

在古堡吃的都是当地采的蔬菜，当然也有各种肉类，特点在于内脏食物。此地早年很穷，农民当然什么都吃，于是就产生了

各种美食，各个部位做得出神入化。"西方人不懂得吃内脏"，只是一个传说。

翌日，去参加酒庄的派对。本来说好在酒庄的草地上野餐的，但受天气影响，改在餐厅内进行。食物应有尽有，吃到要多饱有多饱。饭后回一家由修道院改建的酒店睡一个午觉，已经消除了倒时差之苦。

傍晚的派对很隆重，请了不少艺人扮成古代人物，又有乐团和流行乐队助兴。一声号令，客人分成多个小队，手提铁桶和剪刀奔向葡萄园，大剪特剪。收获最多葡萄的队伍胜出，但不能乱采别人的品种，一定要认清自己的葡萄，否则成绩作废。奖品当然也是酒了。

众人将收集到的葡萄倒入一个巨桶中，少女们纷纷脱掉丝袜，卷起裙子，跑到里面去踩踏，甜蜜的葡萄汁大量流出来。少女们虽然貌美，但是到底不能用来喝。

派对一直开到深夜。明天一早还要出发，就不去闹了。我们要赶路去意大利美食之都摩德纳。

提到摩德纳，大家便会想起"Osteria Francescana"（注：餐厅名）了。这家被美食节目拍了又拍的餐厅，其实是很摆架子的。吃了大厨的菜后又要被迫去看他收藏的所谓艺术品，都是一些莫名其妙的现代雕塑，只有他一个人会欣赏。之后，又要被他强迫买古董黑醋，一小瓶几千几百欧元。

钱是另一个问题，主要是这些米其林三星餐厅一吃就是三四个小时，菜式很多，却没有多少道会给人留下印象，客人去"朝贡"多过被服侍。我宁愿去另一家叫"Strada Facendo"的餐厅，包君满意。

这是在公路旁的一家家庭式的餐厅。走进树荫下的门口，大厨和他太太亲自来欢迎。他们态度亲切，战战兢兢地招呼我们，绝对没有什么世界名厨的自傲。要吃什么？和他商量好了。

我们用了"要赶时间，希望两个小时内吃完"的绝招，这餐饭不会很长。结果又前菜又主菜又意粉又米饭，又各种酒，每一道菜都有特点。我们问那种像个指甲般大的迷你云吞是怎么做的，大厨即刻把原料拿出来示范给我们看，又上了一课。

埋单，便宜得令人发笑。

结果，这一餐吃了三个小时。这是我们心甘情愿的，是我们要求多试几道菜的，不是他拖延了时间。到欧洲的所谓名餐厅，不这么吃，对不起自己。我认为走一趟，要是能吃到两餐舒服又美味的，已经够本，不能太过奢求。

折回米兰。在大家去买名牌时装时，我挤到新开的大型食物商场"Eataly"。"Eataly"在美国发迹后开回本土，是个意大利食品的宫殿，要什么有什么，值得一来。我买了一只大火腿，抬到巴黎送友人。

去巴黎除见友人外，还有个主要目的——吃越南河粉。为越南河粉着迷的人可以组成一个"联合国"。越南本土的河粉并不突出，大家都公认的是，墨尔本的"勇记"最好，再下来便是巴黎的了。当今，越南河粉成为一股很强势的美食力量，巴黎十三区的"Pho13""Pho14""Song Huong"较为突出，最好的是"Ngoc Xuyen"。

最后，我们还去了"皮耶·加尼叶"（Pierre Gagnaire）吃了一顿。这家餐厅就开在巴尔扎克酒店里面。法国厨子里，我最佩服的是保罗·巴古斯和皮耶·加尼叶了，从拍《料理的铁人》时认识到现在，每一次尝他们的手艺都有惊喜。

第四章

冰雪北欧

别样风情

航 行 日 记

在接下来的十二天，我将乘一艘叫"海的光辉"的邮轮，直航北欧诸国。

从香港直飞伦敦，再从伦敦驱车到哈里奇（Harwich），从那里登船。

有些朋友为了赶时间，由香港抵达伦敦后即刻来哈里奇。这并不是一个很聪明的做法。因为飞机在清晨五点半降落，即便加上过关及一个半小时的车程，到达哈里奇时天色还早。有人以为这个靠海的小镇至少有些餐厅可以吃吃东西，完全错误！它是一个"死城"，除了上船的手续厅中有个小咖啡室，其他设备一概不具。邮轮要等到下午五点钟才出发，时间白白浪费了。

多数人乘船带很多行李，不便在伦敦游玩，但至少可在希思罗机场吃吃喝喝，好过在这"死城"干等。

我们一行人在出发前一小时悠闲地登船。甲板上正举办自助餐会，我们胡乱吃了些东西。

船很大。当今的邮轮都是愈造愈大，像一座海中的摩天楼。房间里已经不是开圆圈圈的窗口，很敞亮。船舱内有电梯、餐厅和娱乐场所，大堂广阔，一切都如一家大酒店。

客人总共有一千八百名，职员有七百多名。邮轮把游客浩浩荡荡地从一个小镇移到另一小镇去。

第一站是挪威的奥斯陆，第二站是瑞典的斯德哥尔摩，第三站是芬兰的赫尔辛基，第四站到俄罗斯的圣彼得堡，第五站是爱沙尼亚的塔林，第六站到丹麦的哥本哈根，最后才折回英国。

乘邮轮这件事一般人以为很落伍，是垂老的人才干的。加上《泰坦尼克号》这部沉船戏，谁还有那么多工夫？坐飞机好了。

岂料，邮轮生意反而愈来愈好，其中有个主要的原因是父母亲已难得和子女一家人团聚。这些父母买了船票，困住儿女十几天，他们要跑也跑不了。这时，便可以趁机教训他们一番。哈哈。

两 个 煲

上船，行程被安排得满满当当。

中午十二点半开始就可以到桑拿浴室去泡一泡。按摩完肚子，吃点东西，休息一会儿。

到了四点十二分，强迫性地参加了紧急救生课程。工作人员教你发生意外时在什么地方集合，怎么穿救生衣。中国人大叫"大吉利是"（广东话，当说了一些不吉利的话或做了一些不吉利的事时，说"大吉利是"来弥补一下，希望运气好）；"鬼佬们"则当成成年人的夏令营，狂呼好玩。

五点整，引擎启动，船离开码头。酒吧可以营业了。因为酒吧卖的是公海的免税酒，价钱不比陆地上贵，但也没便宜多少。之前客人把自己的信用卡交给了服务员，他们再发一张在船上通用的卡片给你，在船上的一切消费，包括购物等，都只要签单就行，不必再带现金。

接着是一场讲座，介绍岸上旅游的安排和景点。不喜欢听的人可以去健身馆和机器玩。赌场也营业了，像小型的澳门。

上船时，服务员拿相机为个人或团体拍照，这时已冲印好，你可以选择自己的照片，不过要十美元一张，嫌贵的话不要好了。

我发现，这竟是船公司赚钱的好方法。在今后的旅行中，职员无时无刻不为你拍照。在餐厅，他们扮成海盗，用尖刀指你的喉咙，又拍一张。美国客人最喜欢了，他们可以拿回小镇向朋友"威一威"（即威风一下或炫耀一下），拼命签卡，结账时应该是不小的数目。

晚上七点，夜总会有表演。吃饭时间是两班制的，六点半和八点四十五分。要和谁坐在一起，订票时已经安排好了。如果是单身参加，旁边的人是不是美女或俊男，就要碰运气了。遇到无趣者也逃不掉，这十二天内的早中晚三餐都要面对讨厌的人。

不想和大家一起吃的话，可去餐厅吃自助餐，或到浴池边吃意大利薄饼和热狗。要不然叫房内服务，二十四小时随时可叫餐，但是吃来吃去都是那几道菜。

我带了两个煲来，一个用来烧水，一个用来煮泡面，任何情形都难不倒我。

小　　费

　　船从英国到挪威的第二天途中，半夜十二点要把钟表拨快一小时。英国与中国有七小时的时差，与挪威有六小时的时差。

　　本来我一上飞机就已忘了香港是几点，但星期天上船，星期一要做香港一家电台的节目。这时我的雅典（Nadin）手表发挥了作用，它分针照行，时针上下一按，即可前进或倒退到当地时间。

　　算准香港上午九点，我跑到甲板上，站在那儿等电话。在船上用的是卫星电话，因为在公海中手机已失去功能。

　　用卫星电话的话，在全球每个角落都能通话。当然，在露天状态下通话效果最好。

　　等，等，等，香港的电话还不来。北欧的凌晨两点，虽说是在夏天，还是寒冷的，有种寂寞凄凉的感觉。

　　诗云："似此星辰非昨夜,为谁风露立中宵？"人家等的是情人，值得。而我在等着做电台节目，想起来又笨又好笑。

电话终于来了。接通，声音清楚得很。闲聊了一会儿，我被问起"这次航行到底要花多少钱"。

我一下子回答不出。此行是被查先生夫妇邀请来的。回到房间，翻看价目表才知道，十二天的航程，价位从一千七百美元到一万二千美元。如果提前九个月到一年预定，则可省数百至一千美元。

差别只是在于房间的大小和看不看到风景，吃的玩的则一视同仁。这是美国邮轮的好处，无欧洲式的头等二等三等之分。

但是不管你付多少钱，小费还是要照规矩给。船上的说明书讲明：小费是一种非常私人的事。第一次乘船的客人，我们列出以下数项，供你们参考——

餐厅侍者四十二美元，侍者助手二十四美元，收拾房间的服务员四十二美元，侍者主任九美元。在下船前一个晚上支付。

心算一下，单单小费就有一百一十七美元，约一千元港币，这是跑不了的。

不　睡　觉

　　半夜三更和香港的电台通完电话，干脆不睡了，剩下的时间用来写稿。反正第二日一整天都在海上航行，没什么事好做。

　　北欧的夏天，白天很长，晚上十点多太阳才下山。夜晚只有三四小时，隔天清晨两点半左右已见日出。如果再往北一点，二十四小时都是白昼。

　　早餐从早上六点半开始，在玻璃房大厅中进食。我饿了整夜，食欲大振。跑去餐厅一看，是所谓欧陆式的自助餐，都是些冷面包、茶或咖啡。

　　没有兴趣。忍到八点，到最大的那家餐厅吃吧。这家餐厅当然有各种蛋、腌肉、火腿、麦片等，但想到今后的十天都是同一份菜单，已开始觉得乏味。

　　船上安排了一整天的活动，包括小型高尔夫球、名画拍卖、桥牌比赛等，另设有图书馆、酒吧。

对中国人来说，最有吸引力的莫过于在游戏室中打麻将了，一大早已开了两三桌。

友人的一群太太因人手不够，拉我去凑数。她们打的是"广东牌"。我已染上"台湾牌"瘾，出冲的人付钱，比较公平，但也陪她们打。其中有一位打得很慢，总是考虑老半天才出牌，更是没趣。打了一上午，虽然我赢了两百五十港币，但并不开心。

吃完午饭就想睡觉。打开电视，播放的是一部还没看过的名片，就死盯着，眼皮多重也不肯合起来。

到了傍晚，穿戴整齐，去参加船长会见客人的派对。只要黑西装领带就行，如果坚持穿"踢死兔"（燕尾服），船上也有得出租。我看见一群美国土佬穿了"踢死兔"，即刻和他们化妆妖艳的太太去照片部拍照，替他们十美元一张的照片费而担心。

见船长，最主要的活动也是和他拍照，又是十美元。全程下来，这些美国佬非得花上三四百美元不可。

吃完晚饭，再到甲板散步几圈，已是晚上十二点。再写些稿，从窗口望去，已抵达挪威。

人 生 百 态

起初，我只看见一个小岛。岛上有数棵松树，像东方松，弯弯曲曲的。再下来是二个三个四个岛，乃至无数个岛。船从岛中穿过，两侧陆地上有零零星星的小屋，五彩缤纷的，像玩具。

终于，抵达挪威首都奥斯陆。

这是一个看不见摩天楼的城市，一百七十五平方千米，大多数是湖泊和森林。人口有四十六万人，为欧洲人口最稀少的地方。

我们上岸走了一圈，那些皇宫、教堂、国会等，都没给我留下什么很深的印象。这里的建筑物并不宏伟，历史也不算悠久，没什么个性。

反而是挪威当代雕塑家维芝兰（Gustav Vigeland）的作品很具有代表性，人生百态，生老病死。维芝兰的人像都不穿衣服，身材肥嘟嘟的，男男女女都露着生殖器。

每一个石像都有不同的表情。一个哭泣的男孩，充满愤怒，表现出人的劣根性。一个女孩恨恨地瞪着她的弟弟，也显出人类原始的嫉妒心。仔细观赏，才能从那无数的石雕中找出它们。走马观花的话，没什么意思。

维芝兰从1921年开始雕塑创作，1943年死去，二十二年间能一手一脚地创作出那么多的作品，也是一件奇迹，绝对值得一看。

另外有蒙克博物馆也值得一看。1944年，蒙克（Munch）临终前把一千多张绘画赠送给奥斯陆市政府，其中便有其代表作《呐喊》。画中是一个抱头吼叫的小孩，看过的人，无不被作品吓到。恐怖中的恐怖，没有一张画比得上。

天 下 美 味

第三天下午的三点半就要上船，接着往瑞典走。

晚饭时间分两班，一班是七点到八点半，另一班是八点四十五分到吃完为止。我们订了后者。

好不好吃？你想想看，要准备一千八百人吃的东西，能好吃到哪儿？这等于是把头盘、汤、沙拉和主菜分派好并拿上桌的自助餐。只是，每一道菜都有三种选择，你若都要吃，也可以。

每种试一口就停下，也没人管你，只是浪费罢了。大家都还能自制，不会乱来，胃口好时就多来一份。吃来吃去都是肉和鱼，不厌也得厌，很少人会胃口好。

早餐也是同一个菜单，连吃十二天，有麦片、面包、果酱、鸡蛋、腌肉和火腿。不喜欢到餐厅的话可以在房叫餐。半夜四点钟之前把牌子挂在门闩上，侍者会在指定的时间内把餐送到，小费另给。

如果不想吃自助餐可以到酒吧吃薄饼和热狗。一切不含酒精的饮料均是免费的。碰到酒就得拿卡片去刷，十二天下来也不是一个小数目。

上岸时，经过一个菜市场。我买了大颗的蘑菇、刚长出来的洋葱、一棵高丽菜和一些生火腿片。在房里烧滚汤，放入带咸味的生火腿，不必加其他调味料已很可口。西餐中蔬菜只是那么一碟沙拉，其他都是肉类。吃惯中餐的人，总觉得缺乏蔬菜，身体会起很大的变化。

把买回来的蔬菜灼熟，淋上些预早带来的蚝油。蔬果终于足够了。在船上时间多，自己煮来吃更是一种消除寂寞的享受。

另外，在岸上买了一小瓶酱油、一瓶草菇老抽、一瓶泰国甜辣椒酱、一瓶越南鱼露。还有一管韩国辣椒酱，像牙膏似的，挤出来就能吃。

把这些调料带到餐厅，什么难吃的西餐都会变成天下美味之一。这就如同餐酒如果喝到太酸的，只需加一瓶苏打水，再怎么难喝的酒都会变成法国佳酿。道理是一样的。

大　眠

第四日，又是一整天的公海航行，船往瑞典首都斯德哥尔摩航去。

这一天能做些什么？前一个晚上，侍者来收拾房间时放了两份印刷品，一份是双页的节目介绍，另一份为一长条纸，注明了时间。

名为《指南针》（Compass）的刊物中详细列出当天的一切活动，什么时间在哪儿可以吃到什么东西等。因为有了时差，它也提醒客人要调快一小时或调慢一小时。每次细读，都能得到各种消息和数据。刊物只用英文和西班牙文两种文字，船上通用的也是这两种语言。

看《指南针》得知，今天在中间的大堂有烹调表演。大师傅烧的菜并不高明，我很想抢他的饭碗亲自去示范。

查先生对船上的图书馆特别有兴趣，在那徘徊了很久。我也去那选了一本厚厚的小说。小说并非什么有分量的作品，只因为是大字版的，对老花眼的读者来说，看起来很方便。

友人又约我去打麻将，我嫌他们打得慢，不再去周旋。

夜总会的演员都是些三四流的角色，没什么看头。倒是下午在一间游戏室举行"Bingo"赛很有趣。十美元可以买五张票，陪大家玩了一阵子。"Bingo"（一种填写格子的游戏，在游戏中第一个成功者以喊'Bingo'表示取胜而得名）这种游戏，一提起来就想到一群老头在埋头写数字，但来玩的也有很多年轻人。我没什么横财命，彩票和马票从来没中过，"Bingo"也是一样。

餐厅举行试酒会，我也没去参与。试酒会一向用最不好的酒让人试，怎能比较出好味道来？

房内的电视正播放各种新旧电影，之前有些经典电影错过了，是补看的时候了。重温老电影，又有一番滋味。房内有录像机，可惜船上没有录像带出租。

还是睡大觉合算，看了一会儿书就昏昏入眠。这些年来，首次睡得那么多，有点幸福的感觉。这是整个旅程最高的享受。

接 近 完 美

第五天，抵达瑞典首都斯德哥尔摩。

前一晚睡得足够，清晨四点已经爬了起来，到船上十一楼的展望台遥望瑞典。

瑞典也有无数个小岛。挪威和瑞典一比，小巫见大巫了。瑞典有二万四千多个岛。

那么大的一艘邮轮在岛与岛中间穿梭，这时才见船长的功力。原来，他不止会和旅客一起拍照那么简单。有时，岛与岛之间的航路窄到刚刚好让船通过，两边的房屋像能用手摸到。前面又是一个大岛，船直驶过去一定会撞沉，但是忽然又出现了一条航道，船身往左边一扭，又顺利通过。

"我没有去过千岛湖。"我问友人陈先生，"那里的风景是不是也这样？"

"比千岛湖美得多，比千岛湖美得多！"陈先生赞叹。

　　仅是欣赏眼前的一切，我已知道这次坐船来游北欧绝对没错。乘飞机来的话，欣赏小岛风情的机会便失去了。

　　一上岸就直奔百货公司。吃了几天"鬼佬餐"，有点想念饭和面，便问百货公司的女职员哪一家餐厅最正宗。

　　我们到达女职员推荐的餐厅一看，更像家快餐店，还是走了出来。友人林太太真够胆，看见了中国航空公司的招牌，不买飞机票也去问路，结果给她问到了一家叫"帝王"的餐厅，是香港人开的。这家餐厅有虾饺、烧卖、云吞面、干炒牛河。大吃一顿，味道接近完美。

"袒"荡荡

斯德哥尔摩有旧城和新城之分，前者有点古迹，但是和其他西欧国家的皇宫、教堂一比，逊色太多。

新城的大会堂还算有些与众不同。大会堂用八百万块红砖砌成，每年冬天会在这里举行诺贝尔奖颁奖礼。游客可以进大会堂参观，但大多数人都是在外面的铜像前拍张照了事。

最值得看的是瓦萨沉船博物馆（Vasa Museet）。1628 年，瑞典造了一支船队出海。旗舰"华沙号"真倒霉，一出航就沉入海底，至今已有三百多年了。

二十世纪六十年代，打捞业发达，于是整只船被打捞了上来，放进这家博物馆。沉船的管理工程巨大，要不停地用海水来淋它，才能保养至今。

沉船里的大炮、手枪、饮食用具等约有一万二千件，为研究历史的人留下了宝贵的资料。

著名的导演英格玛·伯格曼曾经说过："斯德哥尔摩最不像一个城市，它是原野、湖泊和建筑物的结晶。"

说得一点也不错。离开市中心不到几里路，就可以找到密密麻麻的松林。英格玛·伯格曼要拍《第七封印》这部古装片，不用走远，在市内拍好了。

瑞士人的生意，除了银行就是钟表。瑞典人除了航海，还有许多生意，像汽车工业的沃尔沃（Volvo），家具工业的宜家（IKEA），当然还有手提电话（即移动电话）工业的爱立信。但很奇怪，在原产地瑞典，反而不太见爱立信的广告。

还有 ABBA 瑞典乐队。

在好莱坞电影里，大家认为瑞典人对性很开放，来到瑞典肯定有不少艳遇。

真是好笑。瑞典人保守得要命，他们绝不随便和人上床。

脱光衣服则是另一回事儿。

在瑞典，冬天很少能见到太阳，到了有阳光的那段暂短的时间，当然要裸露身体来晒。多吸收一寸阳光也好，穿比基尼来干什么？

你我若在瑞典住下，也会同样"袒"荡荡。

芬 兰 浴

第六天，来到芬兰的赫尔辛基。

一提起芬兰，第一个想到的便是芬兰浴。去哪一家好呢？

我们见路旁有家叫"长城楼"的中餐馆，就走进去询问。柜台后的老板娘石惠娟认得我，叫我等一下。她打电话给她先生廖伟明，请他带我去。

廖先生终于来了。他说："我常去的那间，还是烧木头的，其他地方已改为用电的了。"

浴室门面很小，开在住宅区内。芬兰的大厦中大多数有自己的公众浴场，但大家还是爱去传统浴室泡，十分有瘾。尤其是退了休的芬兰人，泡澡是生活中很重要的一部分。

跟日本的浴室一样，男女分左右，但是女浴师会走进男的那边去为你擦背。

廖先生替我叫了一个。她拎起铁桶跟我进去，把衣服脱光，叫我坐在石椅上，便开始替我洗头。

洗第一遍时，我心中暗暗叫苦：唉，又遇到一个"温吞吞"，随便洗几下算数。

奇迹出现了。洗第二遍，力度加重。第三遍、第四遍、第五遍，力道愈来愈重，冲得愈来愈透彻。洗身体时，也是一样来个五次。

洗完后就走进桑拿室，松木香味一阵阵传过来。室内分五阶，一阶比一阶热，任君选择。廖先生还嫌最高阶不够热，叫站在火炉旁边的芬兰人把蒸汽开大一点，那家伙也乖乖照办。

廖先生说："要是在香港，让陌生人做事，不被人家骂死才怪。芬兰人很友善，不在乎这些。"

这时，看到廖先生拿起一把树叶往身上摔打，我也照做。起初以为，树枝那么硬，打在身上一定很痛，实则不然。树枝打在身上柔柔软软的，非常舒服，叶子也不容易脱落。芬兰人泡了那么多年的澡，不会笨到用硬树枝的。

洗浴后胃口大开。廖先生请我到他开的"长江饭店"吃焗龙虾，味道真的和香港的一样好。

放怀大吃后回到船上。

圣 彼 得 堡

第七天，抵达俄罗斯的圣彼得堡。这是此行的高潮。

俄罗斯是此行唯一需要办理签证才能进入的国家，而且需要团体行动。俄罗斯海关在港口设立了一个临时机构，但海关工作人员并不友善。

我们在俄罗斯的第一站是凯塞琳女皇（叶卡捷琳娜二世）的冬宫"隐居"（The Hermitage）。宫殿实在是宏伟，艺术品的收藏不逊于卢浮宫。

中午，友人带我们到一家五星级的酒店去吃俄罗斯菜。我一进餐厅就知味道不对，桌上铺了一张纸巾，印着可乐的广告。这种地方怎能做出好东西来？大家都叫了罗宋汤和俄罗斯牛肉饭，但一点也不正宗。想抱怨，但又有何用？唯有灌下两杯"快乐汤"——伏特加酒，人即刻开朗起来，食物也能入口了。

　　下午再到圣艾瑟教堂，这可能是世上保存得最好的教堂之一。这个教堂是全球第三大的。俄罗斯的教会并不设座椅，教徒们或站或跪，大堂便显得更宽阔。

　　墙壁和屋顶的画像新的一样，这是因为所有的画都用彩石瓷砖砌成的，而彩石瓷砖不会褪色。

　　导游带我们去一家商场购物。这座商场原本是一个演讲厅，现在被个人包下来做买卖。鱼子酱、套娃、细工绘画的盒子、彩色披肩等，都是俄罗斯的特产。店员都是美丽、年轻且能说英语的女士，顾客与之交流，调情的成分更多一些。

　　根据行程，本来还得去几家商店的，但我嚷着要去菜市场。导游因为没有回佣（即回扣）收，老大不愿意，但也听话。

　　菜市场里蔬菜、肉类都很丰富，价钱也便宜，但一般人还是吃不起，只有一小撮高收入人士光顾。我买了一个大西瓜，三十元港币，已算是被人敲了竹杠。

值　　得

此行在圣彼得堡停两天，第八日也在岸上观光。

这次路程远一点，到达普希金市保罗沙皇的夏宫。夏宫很小，收藏的东西也不多。这座行宫在战争中被纳粹炸得稀烂，一切都是后来重建的。墙壁和屋顶上的画，颜色很俗气，没有什么看头。

经过一家木造的餐厅，一看就知道很有品位，即刻走进去吃午饭。上苍保佑，这次让我们吃到一顿正宗的俄罗斯餐。

其他国家做的罗宋汤，以番茄为主，外加牛肉块。正宗的罗宋汤，是以一种叫"甜菜"（beet）的蔬菜熬出来的，略带甜味；牛肉切成一条条的，并不带牛筋，煮得也不算烂。

另有一道肉汤很可口，什么肉都放进去熬一番，尤其是那几大块猪油渣更是美味。俄罗斯天寒地冻，没有油脂来补充热量是不行的。

主菜是熏猪手，很大的一份，两个人也吃不完。俄罗斯熏猪手比德国白煮猪手有内涵得多，软熟得很。

　　吃过饭，游凯塞琳女皇的夏宫。这个夏宫的气派就大了，宏伟得不得了，是我见过的夏宫中最大最豪华的。这处夏宫也被德国人抢掠一空，大肆破坏，后来才装修好。所谓的"装修好"，只是整理了几间房，因缺少资金维修，其他房间不让人看就是。

　　圣彼得堡给人的印象是穷，穷，穷。有些老年人总板着面孔，你向他们笑笑，他们也毫无反应。也许，他们已经忘记了怎么以笑容回应。

　　个体户和寡头们赚了钱就往瑞士的银行寄，以便将来移民到国外。经济没搞好，年轻人非常绝望。这些年轻人很容易相处，他们期盼多听些国外的消息，想逃出来。有人都把这座城市形容得很恐怖，但依观光客的路线走，很安全。

　　我们独自跑去菜市场，也未遭受所谓的"黑社会"包围。圣彼得堡值得一游，单单看凯塞琳女皇的"隐居"和圣艾瑟教堂，已值回票价。

迂　腐

第九天，爱沙尼亚首都塔林之游，是这次行程的额外收获。如果不乘船来，你绝对不会想到会来这里走走。

在历史上，爱沙尼亚总是被他国统治，如俄罗斯、芬兰、德国等，处境真是可怜。直到 1991 年，它才从苏联独立出来。

这个国家只有四万五千多平方千米，人口一百五十万，以农产品和木材出口为主。

和每个北欧城市一样，塔林也分旧城和新城，后者当然没什么看头，无非是苏联时代留下来的丑陋建筑和连体电车。

旧城很美，时间像停留在中世纪，看来很古老，但大多数的房屋是两三百年前重建的。

从前的建筑都是用木头造的，已被大火烧光。

我们的导游是一位很漂亮的少女。她其实是位有牌照的药剂师，但大学毕业后在药剂这一行赚不到钱，于是改行来当导游。我们团是她带领的第二个旅行团，她全程战战兢兢。这个姑娘手长脚长，眼睛大大的，像"大力水手"的女朋友"橄榄油"（Olive）。

"橄榄油"说，爱沙尼亚人生活很艰苦，每个月平均收入也就一百多美元。但是，我们在街上遇到的人，看起来都是昂首挺胸的，很自豪，充满希望。

另一位卖明信片的少女更是漂亮，羞答答的，像是刚入行。众人要求和她合影，将来冲印出来，可向朋友"吹牛"，说这是自己的女朋友。她也大方地和大家合影。如果她是"老油条"，不要求你买几张明信片才怪。

值得一提的是，在此地一家最古老的教堂之中，埋葬了情圣卡萨诺瓦。这位意大利人逃亡到爱沙尼亚终老，在遗嘱中要求把墓碑平放在教堂通道下，任人践踏，以求赎罪。

唉，潇洒了一世的人最后怎么会那么迂腐？人老了，不是件好事。

便　　宜

　　第十天，船返程，向丹麦的哥本哈根航去。时间过得真快，这是此次旅程的最后一站。

　　丹麦是北欧诸国中经济最强的一个，由近五百个岛屿组成。哥本哈根在丹麦文里是"商人的码头"的意思，比别的地方的人更会做生意。

　　我对丹麦的印象，最深刻的是"嘉士伯啤酒"，还有嫁给丹麦王子的香港女子。倒忘记了小时读的《安徒生童话》的作者也是丹麦人。到了哥本哈根，大家都会提醒你去和美人鱼的铜像拍照。

　　美人鱼铜像在照片上看来很大，其实小得很，只有真人大小的四分之一。美人鱼铜像原来的头被一个坏蛋斩掉了，新铸的那个也被歹徒偷走了。好在这家伙后来良心发现，又把头送回去再接上了。

　　现任丹麦女皇住的皇宫并不大，由四座建筑物组成。她的另外一座夏宫比较像样，但绝对比不上俄罗斯的。

离夏宫不远，有座克伦堡宫（Kronborg Castle），以莎士比亚的《哈姆雷特》闻名。观光客都涌去看这座城堡。其实，丹麦历史上根本没有一个叫哈姆雷特的皇族，莎士比亚也从没到过丹麦。

文人之笔，的确厉害。

前往城堡的途中，经过许多漂亮的住宅。导游说这些屋子最贵了，但在香港，再多二十倍的价钱也买不到。

仔细观察你会发现，这些屋子只有花园，没有围墙，连一个普通的篱笆都不设，可见丹麦的治安非常之好。在香港，或许你有能力买到这样的住宅，但无法得到他们的安全感。

不但住宅有花园，连坟墓也有花园。丹麦地大，人皆土葬。一块块墓地被草丛环绕，看得游客羡慕不已。

丹麦荔园

船一共在丹麦停留两天，第十一日也在哥本哈根度过。

"'趣伏里'（Tivoli）是一个一定要去的地方。"导游说，"这是欧洲最大的游乐场。"

我童心已失，加之从前去过，没什么兴趣，但是要顺大家之意，便不作声。

"当然，它不是一个迪士尼乐园。"导游说，"不能和迪士尼比较。"

这么说明并不清楚，如果说"趣伏里"是一个放大了的"启德荔园"，香港人便有印象了。

玩的东西和荔园一样古老，近年来加了一个铁塔，香港人称"跳楼机"的游乐设备。周围数十个座椅，客人坐上去，便升到十多层楼高，再一下子忽然掉落，把客人吓个半死。

同行的年轻朋友一直要拉我去坐。我说，我小时候曾坐进一间铁皮屋，座位不动，但是整间铁皮屋三百六十度旋转，让人产生视觉上的错乱，以为自己在天旋地转，已经够吓人了。

在一个小摊上看到了一根根像铅笔的东西，原来是甘草枝。我买了一枝细嚼，比吃糖好。

我的童年在一个叫"大世界"的游乐场中度过，这里的玩意儿都似曾相识。

路过一个打电动枪的小摊，木制的柜台上摆着三支长枪，枪柄上有条电线连接，一扣扳机，枪头便会射出一道光线来。

目标是几只团团转的铁皮熊，身体两侧皆有一个圆形的玻璃眼。电枪射去的那道光线要是打中了玻璃眼，熊便会站起来，显出它肚子的第三只玻璃眼。这时补上一枪，连续打中的话，这只熊便忙得不得了，站起来又伏下，伏下又站起来，笨得很。

这个玩意儿我已经半个世纪没有看过了，虽然又原始又幼稚，但可爱得要命，充满了怀旧感。

丹麦荔园，还是值得去的。

结　　束

第十二天，也是旅程的最后的一天，船在公海上航行。邮轮虽重七万吨，但与大海一比，与一片落叶无异，浪大时照样摇晃得厉害。

睡到上午十一点才起床。我不晕船，不过要趴在书桌前写稿的话，还是会作呕的，所以前一夜什么事都不做，只是睡，睡，睡。

午饭时环顾四周，出席者只有以前的三分之一，其他人大都病倒了。同餐桌原有一位运动型的大汉，进餐时间向来很准时，这时也不见他的踪影。

吃完饭回舱，船继续晃动，像是婴儿的摇篮，令人昏昏欲睡。

醒来，赶到柜台去结账。明天一早抵达，客人一定很多，还是趁现在算清的好。这十几天来，每日发传真二页，再加上强迫性跟传出的面纸，共三页，每页费用近二十美元，总共算下来，不是一个小数目。所领稿费，不够支出。

排队的人看了账单之后面露忧色，皆因服务人员为他们拍了很多照片，每张收费十美元。现在才知道死活。

轮到我时，职员说查太太已帮我付过了。我大声与他理论，一早说好自己账自己付的，争吵了半天。那个"娘娘腔"的工作人员半阴不阳地笑，就是不肯改动，气得我快要打人。

无奈，只有心中感激查先生查太太的好意，折回船舱，再睡一觉。

吃过晚餐，船还是摇个不停，只有再次躺下。

这是我数十年来睡得最多的一段时间。

邮轮明天一早就会抵达英国，许多人都叹气说眨眼间就结束了，真是可惜。

其实，懂得旅行的人，必须面对假期的终结，就像懂得生活的人，要面对一生下来就走向死亡一样。所有美好的事，都有一个结尾。问题在于，这过程之中，你已经享受过了吗？对得起自己吗？早做好心理准备的话，叹什么气呢？

第五章

伊比利亚半岛

一旦爱上 终生难忘

西班牙

巴塞罗那

葡萄牙

维　　珍

长途飞行，我乘"国泰航空"居多。这次被友人邀请到欧洲一游，订了"维珍航空"（Virgin Atlantic Airways）。

午夜十一点四十五分的航班，相当于是第二天了。有七个小时的时差，十三日出发，十三日抵达。

"维珍"以前只有两个等级，高级（Upper Class）舱和经济舱。人们常开玩笑说：高级或者没等级（No Class），没等级亦可作"无品位"之意。

前半截的座位，作"人"字形，一排排打斜的卧铺，像巨鱼肚内的骨头。这张椅子设计得极为复杂，伸腿的是一张小椅子。起飞后，空姐将卧铺放平，才会成为一张床，自己动手是做不到的。即便是拉开桌子这样的小事，也要借助于他人。

飞机上供应睡衣，丝绸的，极舒服。换上睡衣，座位铺成小床，可以安睡到天明。但是，如果你是个胖子的话，另当别论。

好处在于，播放电影的荧光幕可以拉得很近，方便我们这些眼睛老花的乘客。

　　有五十几部电影供选择，还有其他电视节目。机上还设有录音书频道，让不便看东西的人享用。这套服务相当完善。

　　候机楼食物丰富，起飞前可先来吃一顿。上机后的饮食也过得去，但我还是拿出一个在日本买的大杯面，猪骨汤底的，请空姐替我加热水。她接过杯面，露出了羡慕的目光。

　　一面吃东西一面看《傲慢与偏见》。女主角很活泼，长得又极美，但整套戏拍得很闷，还比不上BBC（英国广播公司）的电视剧版本，用来催眠是首选。未到电影结尾，我已呼呼入睡。

　　醒来，走到机舱中间的酒吧和空姐聊天。当今的飞机已有这种空间让客人舒展筋骨。

　　英籍空姐前来问，要不要按摩服务。看她的样子不像专业人士，扭伤了腰不是闹着玩的，谢绝了她的好意。

　　再睡，再看一部电影。吃完早餐，清晨四点多，抵达伦敦。

开　　始

在伦敦希斯罗机场转西班牙国家航空公司的航班，才能飞到目的地巴塞罗那。

虽然有两个多小时的转机停留，但希斯罗机场很大，走一大段路后还得乘巴士，又得经过很多闸口。反正有大把的时间，慢慢来。

在飞机上，大家都收到一张可以走快线（Fast Line）的通关卡片，但抵达一看，哗，一大条长龙。所谓的快线根本没有启用，得跟大部队一直排下去。这一排起码得四十分钟，看表，开始发慌，要是再延迟，就赶不及了。

既来之则安之。这班走了搭下一班好了，反正没有什么重要的约会要赶。这么一想，通关的速度像是快了起来。

说是通关，其实就是检查手提行李罢了。到闸口再查也不迟呀，反正要在西班牙着陆才办入境手续的。花那么一大段时间去"脱裤子放屁"，真是岂有此理。

欧洲大陆的航班，不管是什么等级，都等于没等级，并无服务可言。吃的东西只是几片冷面包夹火腿，还有一两包芝士，能免则免。看早报消磨时间或者蒙头大睡是最佳选择。

终于，抵达巴塞罗那。

全程辛苦吗？也不见得，对我这个坐惯飞机的人来说，小事一件。从香港飞伦敦十三个小时，从伦敦飞巴塞罗那两个小时，加上等待的时间，几乎花了整整一天。但如果一上机就把手表校成当地时间，生活在彼岸，又能睡觉的话，人是有精神的。

别来无恙。巴塞罗那的机场还是那个熟悉的样子，我来过数十次，一切改变不大。中间那二十多年，一刹那消失，像是昨天的事。

二月中旬的天气没那么冷，空气清爽。从机场走出来吸的那口烟，像是甜的。

"借个火。"长腿的西班牙少女前来。

我把在日本买的那个打火机递给了她。看到有颗小钮，她按了一下，原来还是个手电筒，射出蓝光。她惊奇得不得了。

我反正有好几个，就把这个送给了她。她高兴地在我颊边吻了一下。

巴塞罗那之旅，有了一个好的开始。

圣 家 堂

到了巴塞罗那，第一件要做的事，当然是去圣家族教堂。圣家族教堂简称"圣家堂"。

我并不是一个教徒，看到教堂时常怀疑：这是上帝的力量，还是人类的创作？结论：这是两者的互相感染。就"圣家堂"来说，建筑家安东尼奥·高迪的影子较为明显。

从前，我选巴塞罗那作为一部电影的外景地，也是为了致敬四位二十世纪伟大的艺术家：毕加索、米罗、达利和高迪。前三位的画我在各个博物馆看过，而要接触建筑家高迪的作品，只有亲自来巴塞罗那。

第一次来巴萨罗那时，就住在"圣家堂"旁边，每天工作完毕就跑去研究。离开巴塞罗那后，还是不断收集有关高迪的资料，希望有一天闲下来，写一本关于高迪的书。

已经建了一百多年的教堂，到底还要多少岁月才能完工？这是每一个看到"圣家堂"的人都会问的问题。

"本来还得花三十年的。"友人说，"政府希望缩短五年，在二十五年后完成。要是钱足够，加上现代科技，其实五年内也能建好。"

"西班牙很富有，由国家全力支持，问题不就解决了吗？"我说，"要不然，还有大把外国公司资助呀！"

"任何机构出钱，都要把它们的商标放进去；政府出资的话，也不是所有的人都赞成。建教堂是要全心全意的，钱不由教徒捐出，就不能接受。既然都不会接受政府的钱了，又怎会要商业机构的钱？"友人说。

慢就慢好了，我也这么想。

跑去找老友外尾。他来自日本，把一生都奉献给教堂石像的雕刻，穷得像一只教堂里的老鼠。当年我从巴塞罗那返回香港前，把身上的棉袄和所有厚衣都给了他。他非常感激，问我要什么东西留念。

"要些教堂尖的石块。"我开玩笑地说。

外尾竟然真在半夜爬上了教堂，替我拿了几片。

那是数十年前的事了。

花　　街

　　这次去"圣家堂"，没遇到老朋友外尾，有点失望，只好留张字条给他。

　　设计图中有十二座巨塔，现在只完成了八座。塔头色彩缤纷，比我以前看过的那些灰灰黄黄的，多了一份色彩。

　　教堂背后的部分，多了几座石雕，那些粗犷的几何形线条，和"太极"系列极为相似。

　　再去高迪曾在市区中心住的公寓。这里从前是办公室，当今已改成博物馆。参观者可进入参观，一切摆设按旧时风貌，能让人一窥二十世纪初期人们的生活。

　　说到公寓，巴黎市中心的固然很美，但是风格上，还是巴塞罗那的特别。以往，人们住的都是单独的屋子，很少聚居在一座大厦中。巴塞罗那人喜欢公寓，对公寓的设计特别有研究。

　　这和香港人相同。可惜香港的公寓，即当今所谓的"豪宅"，外貌都特别丑。建筑师为什么不去巴塞罗那学习呢？就算设计不出突出的，照抄也行呀。

巴塞罗那的公寓都有阳台，还设有防风罩，这和常有台风来袭的香港相同。

兰布拉大街（La Rambla）是条大道，中间有狭长的广场，小贩和卖艺的人在此聚集。这条街上花档很多。我们住在巴塞罗那时，香港的同事不会说这条街的西班牙名，就索性叫它"花街"。

"花街"上游客最多了。每一个到这座城市的人一定会来这里，和流浪艺人拍张照片，再给上几欧元。从前，在地上临摹名画的艺人居多，当今越来越多的人扮铜像，一个个身上涂成铜绿色，一动也不动，等你走过，发出叫声或抱吓你，已不太有艺术性了。

"花街"一角，是圣荷西菜市场。走累了，可去菜市场买个水果或喝瓶啤酒解渴。这相当于把香港九龙城的街市搬到了铜锣湾，在别处是找不到的。

快 乐 酒

看完建筑后去"医肚"。很多巴塞罗那人不当自己是西班牙人，自称"加泰罗尼亚人"。他们的食物，也叫"加泰罗尼亚菜"。

当地菜最有特色的是海鲜。巴塞罗那靠海，这里的海鲜饭做得最好。肉类当然有牛排、羊排，乳猪也烧得不错。餐厅中挂着的是一只只的火腿。从火腿的品质高低，大致可以推测餐厅其他菜品的水准。

我们在巴塞罗那的每一餐都会点生火腿。次等的火腿吃一碟就够了，遇到好的就要两碟，但这里的一碟相当于香港的三人份。

什么叫"好的"？很简单。肉粉红色，柔软，让你百食不厌，这样的火腿就是好的。

肉已呈褐色，吃进口咬不动，有很多渣的，当然是差的了。

在朋友推荐下，我吃到的火腿都不错。但最精彩的是，火腿还没上桌，侍者刚从厨房拿来，我们已经闻到香喷喷的火腿味，要转头去看。

咦？怎么是深红色！是不是放久了，肉变老了？

那是特醇的五年老火腿，比三年的更香，刚刚出炉。

五年的火腿，色深，但肉软熟得不得了，简直是入口即化。

除了火腿，加泰罗尼亚菜有很多送酒小菜，一律称"餐前小食"（Tapas），如蒜蓉虾、炸小杂鱼等。那碟八爪鱼，一看以为硬得像橡皮筋，哪知柔软之极，难以置信。我们研究它的做法，结论是品种不同。西班牙的八爪鱼，也都很柔软。

鱼、龙虾、贝类都很丰富，螃蟹多数只是蒸熟后摊冻（即放凉的意思）来吃。蟹壳内充满膏，打个鸡蛋进去，蒸出来即成，像中国菜的做法。

至于海鲜饭，则是用平底锅半炒、半蒸、半焗出来的。锅大大小小，从两人份到八人份的，十分齐全。饭少料多，每家的做法都不同，像我们的麻婆豆腐或担担面。所以，吃加泰罗尼亚菜，这样一间间比较下去的话，可吃很久。

至于酒，当然是喝一杯桑格利亚汽酒。这种带甜味的鸡尾酒很容易入口，喝上几杯即能让人开心，称得上是"快乐酒"。

公　　鸡

"可以组一个旅行团，到葡萄牙去吗？"友人听我讲关于葡萄牙的风光和食物，很有兴趣。

我犹豫了一阵。交通的确是不方便的。从前还有澳门直飞里斯本的航班，现在非在其他大城市转机不可。欧洲人做事散漫，行李丢失这样的事，一点也不出奇。

"那么先去西班牙，再乘车去葡萄牙好了。"友人见我不作声，再道，"来个'两牙'之旅，不就行了吗？"

西班牙好玩的地方不在首都马德里，而在南部的巴塞罗那。不顺路，得转机又转机，转到头都昏掉。但就是因为不顺路，葡萄牙才没有那么多游客。旅游业越是不发达的地方越有趣，也越便宜。印度、非洲等地，也许有些人怕怕，但是葡萄牙很文明，治安又好，东西便宜，是值得一游的。

　　巴黎、罗马、伦敦玩厌了，欧洲之行还有时间的话，不妨到里斯本走走。也不是每个人都是运动型的，一定要到毛里求斯去潜水。喜欢都市，又爱悠闲，那么葡萄牙是理想的目的地。购物的话，里斯本那条像香榭丽舍的大道上，什么名牌店都有，价钱一样。那边的生活水平不高，名店里不会人挤人。

　　对于"老饕"，葡萄牙更是一个天堂。只用很实惠的价钱就能享受高级海鲜，喝储藏了数十年的好酒，吃最甜美的水果。

　　常在西欧游玩，又想去一些新奇地点的游客，到底不多。从来没去过欧洲的人，最好别专程到葡萄牙，否则会觉得不值。也别贪心先去西班牙再去葡萄牙，太辛苦了。

　　有葡萄牙人的地方就能看到一只公鸡。传说，从前有个教徒，途经葡萄牙时被人冤枉偷东西。他哀求法官释放他。法官刚好在吃鸡，犯人说为了证明清白，死鸡会变活。法官并不理他。正当犯人要被执行绞刑时，那只鸡居然站起来大啼。法官赶到刑场救下了他。后来的人把公鸡视为正义、公平和好运的象征。

开 瓶 器

　　到了葡萄牙，第一件事当然是喝砵酒了。砵酒，即"Port"酒，又称波特酒。香港人和澳门人习惯称之为砵酒。我们来到里斯本市中心的砵酒学院。说是学院，其实就是一个酒肆，参观者可以坐下来喝一杯，好过走马观花。

　　各种牌子和年份的砵酒，价位在几十到几百元港币一杯。可以试出不同味道来：有的像在红酒中加了两三汤匙的白糖；有的醇如白兰地，带点甜罢了。用舌头来感受砵酒，境界较高。

　　送酒的是我最喜欢的两种小菜，生火腿和芝士。

　　这两者都不是葡萄牙做得最好的食物。意大利帕尔玛火腿、西班牙的"黑蹄"火腿均闻名于世，葡萄牙的火腿如何较量？

　　帕尔玛火腿软熟，颜色是粉红的，但浓味不足。葡萄牙火腿接近西班牙的，较硬，色泽深红，很香。西班牙火腿已卖到天价，这里的火腿却便宜得令人发笑。我总觉得，食物应该像广东人说的"平、靓、正"，这才是真正的食物。

至于芝士，葡萄牙怎么做也比不过瑞士和法国的吧？葡萄牙有种芝士，在其他国家很少见。那是像一个圆球的东西，上下切平了，留着中间。外层的皮很硬，弃之不食。用刀把顶部的硬皮切一圈，像开罐头一样，掀开盖，里面就是我们的宝贝了。软滑得像液体，要用匙羹（即勺子）舀起。吃进口，没有羊奶芝士那么攻鼻，但比牛奶芝士要香得多。吞入喉道，那种感觉似丝似棉，天下只有榴梿可以和它一较高下。

上次到访，看到一支铁叉，叉头合起来成为一个铁圈，像拔手指的刑具，后来得知是用来开瓶的。酒老了，木塞腐烂，普通开瓶器派不上用场。

这回请侍者示范。他点了一个煤气火炉，把开瓶器放在上面烧红，然后用它钳住瓶颈，浇上冷水，就能整整齐齐把瓶口切开。令人叹为观止。

古 老 餐 厅

晚上，到里斯本最古老的餐厅吃饭。

餐厅门口平平无奇，但一踏进去，四面全是镜子，天花板上吊下巨大的水晶灯，像《歌剧院魅影》里的那一盏。整间餐厅，金碧辉煌，高级得不能再高级了。

味道才是最要紧的，吃些什么呢？经理走过来，介绍道："我们卖法国菜。"

"好呀。"我心里说，"虽然不是地道的葡萄牙料理，但卖法国菜能卖那么久，一定保留着些古味吧？"

经理像知道我想些什么，继续说："从前是卖葡萄牙菜的，最近才改卖法国菜。"

"做几道你们最拿手的出来试试吧。"我吩咐，"不必太多。"

上桌的竟是日式的手卷，用海苔包扎着，切成一团团的。

"里面包着的是什么？"我问。

经理自豪地说："八爪鱼。"

日本人什么都可以用海苔来包，就是没听过包八爪鱼的。大概是葡萄牙的八爪鱼不硬，口感又软熟吧？吃了一口，又硬又无味。日本人才没那么笨。这就是所谓的法国菜吗？

接下来的那几道，不提也罢。如果有人把八爪鱼也做成手卷，你可以想象大厨的手艺该有多高了。

经理解释说："卖葡萄牙菜，葡萄牙人不觉得稀奇呀。"

这个毛病可大了，内地当今也同样患此"病"。自己的菜不珍惜，卖的尽是港式鱼虾，连不靠海的城市也卖起海鲜来。

我总觉得，人不可忘本，一家餐厅能研发出特色菜，就应保留下来。虽然时代已变，食客求新，但是两者可以共存呀！不必把传统赶尽杀绝，尽做些新派的次货出来。

也不能说是上当。到这家最古老的餐厅看一看，地方美过食物，也是一种经验。脑中出现昔日风流人物聚餐的情景，假装享受了丰富的一餐吧。

乳 猪 镇

　　翌日，我们驱车来到一个叫"梅阿利亚达"（Mealhada）
的地方，离里斯本约两小时车程。

　　去干什么？吃乳猪呀！

　　到达这个小镇，发现全镇皆是卖乳猪的餐厅。每家餐厅都挂
着小乳猪的招牌，要是不熟悉，真不知选哪一家好。

　　好友以前来过，遥指了"Pedro Dos Leitoes"。这是间别
墅式的食肆，里面坐满了客人，不像其他餐厅那么冷清。

　　柜台上摆着三只乳猪，刚从火炉中烤出来的，强烈的香味传
了过来。

　　餐牌很简单，几页我完全看不懂的葡萄牙文，但也无妨。周
围的人都只叫乳猪一味，侍者前来下单时，我向邻桌上的菜一指，
他即刻会意。

　　侍者又来问一轮问题，我听懂了"Kilo"这个字，伸出一根

手指，当然是叫一公斤乳猪。整只乳猪约有五公斤重，我是吃不完的。

乳猪上桌，即刻用手抓一大块来吃。皮很薄，但奇脆，厨艺不输中国人的烤乳猪手法。这家餐厅已做了五十年的生意，独沽一味，愈发精益求精了。

肉也比想象中软滑得多，老先生老太太一定啃得动。起初太贪心，以为一个人吃一公斤没问题，但是吞了三大块后，已饱得不能动弹。

埋单，价钱便宜得令人发笑。经理前来，亲切地带我到厨房参观。

有一猪栏养着数十头猪，都是两个月大的。屠宰过程不看也罢。宰好的猪被插上粗大的铁叉，风干后，熟手大师傅将一桶东西往猪身上抹。

"调料是猪油、盐和胡椒，仅此而已。"师傅解释。

乳猪涂猪油烤，还是第一次听说。

接着是以特别的木块和叶子燃火，一只只手工焙熟。这完全是一门学问，绝非一烤就好那么简单。

到了葡萄牙，来这家餐厅，才不虚此行。

大 白 焓

　　最地道、最好吃的葡萄牙菜是"大白焓"。出发之前已吩咐"先头部队"的资料搜索员："说什么也要给我找到一间'大白焓'餐厅来拍。"

　　我在布达佩斯时接到资料搜索员的电话："你让我找的餐厅都没开门，现在是夏天，'大白焓'是大冷天吃的食物呀！"

　　"我不管。"我大叫，"找旅游局，问当地'老饕'，总之非拍不行！"

　　经千辛万苦，终于在辛特拉（Sintra）找到一家叫"Compones"的餐厅。这家餐厅一年从头到尾都卖"大白焓"，独沽一味，每天卖几百碟之多。

　　"如果要拍制作过程，就得一大早去。"她说。

　　这当然不是问题。我每天总在清晨六点钟起床，只是其他工作人员不太受得了罢了。

餐厅的一楼和二楼是给客人进餐的场所，厨房设在三楼。走上三楼，看见大厨是位肥婆，乡下人打扮。她一副"你要拍随便给你拍到够"的表情，默默工作。

我低声问翻译："师傅用葡萄牙语怎么说？"

"Professor。"他回答。

"那是大学教授呀。"我也听出来，继续问，"厨房的师傅呢？"

"也是 Professor 呀！"

不管是还是不是了，我向那村妇大叫："Professor！"

这时才看到她亲切的笑容，由此从头到尾，一样样煮给我看。

我还以为"大白焓"是把所有食材全部放进锅里一块煮的，原来肉类要分开，猪耳、猪头肉、排骨等另煲。香肠有肉肠、饭肠、面肠、辣肠和酒肠五种，下锅的次序也很重要，不然会爆开。洋葱、高丽菜、豆子用其他锅煲，最后才一起上桌。调味的秘诀是熬一只老母鸡。我们把过程一一记录，最后才试吃。我从来没有吃过那么美味且丰富的一餐，心满意足。

"Professor"看在眼里，走过来抱了我一下。

菜　市

　　在葡萄牙，我们一共去了三个菜市场。

　　我发现，葡萄牙的食材并不比法国、意大利或西班牙的丰富，当地人并不注重吃。但是，经细心发掘，还是可以找出他们独特的饮食文化。

　　鲜花倒是在菜市场中占了一个重要位置，文具店也并不比卖蔬菜的少。葡萄牙人很爱美吧？在波尔图的菜市场中，还开了一家美容院呢。这倒是第一次看到。

　　堆积成小丘的是什么？颜色绿绿的。原来是切成丝的菜。这种菜像花椰菜和芥蓝的混合，块头不小。看样子就知道菜很硬，所以葡萄牙人取一个手动的转盘，盘上放块刀片，将菜切成丝。我抓起一把来闻，味道甚为清新，并无臭青味。

　　这种菜丝除了用来煮汤之外，并无其他做法。我想，如果将其生炒一番，用蒜爆香或煮后淋上猪油，也一定会很好吃吧？下回有时间非试试不可。

市场中也有商店卖马肉，喜欢赌马的人大概不会去碰吧？万一吃了马肉今后马仔都不听话了，岂不糟糕。我从前吃过，并不觉得特别。马肉像冰冻的牛排，吃不出味道，当然也不及驴肉之香。新鲜的马肉如果用来白灼，倒有点甜味。西餐中马肉的做法无甚变化，不吃也罢。

因为葡萄牙人爱吃香肠，肉档中也卖晒干的肠衣。肠衣浸水后变软，就可以拿来装肉。天然肠衣有粗有细，无规则，人造的整齐，像避孕套。

当今是初夏，正是盛产樱桃的季节。樱桃有鲜红的和红得发紫的，卖得很便宜。我怕酸，不肯吃，但同伴们都说甜，尤其是紫黑色的。我被怂恿去试，还是酸。我认为水果就应该是甜的，但葡萄牙的桃、杏、李等都酸，无花果也不太甜。只有小蜜瓜最美味，切开后倒入砵酒，甜上加甜，是我的至爱。

砵酒与软芝士

到葡萄牙，当然得去"Oporto"。当地华人给"Oporto"取了一个中文名，叫波尔图。波尔图是葡萄牙第二大城市，距里斯本五六个小时的车程。

波尔图以出产砵酒著称，而酿制这种酒的酒庄位于市郊。市郊风景如画，很像瑞士、意大利北部和法国南部的混合，一点也没有葡萄牙的影子。

我们参观的"蒙塔庄主"（Montez Champalimaud）酒庄，被誉为当地最好的之一。我们经弯弯曲曲的山路，好不容易才到达。

这里的葡萄都种在山坡上，有些树龄在百年以上。据说，越老的葡萄树，酿出来的砵酒越醇。老葡萄园的树种得很稀疏，不像新园那么密密麻麻地挤在一起。当时土地不值钱，尽情浪费空间，这才种出优良的品种来。

在法国看到的葡萄园，路旁总会种些玫瑰。这些玫瑰并非用来观赏，而是用来测病。害虫一到，玫瑰先遭殃。主人得到预警，即刻做杀虫措施。

波尔图的葡萄园为什么不种玫瑰呢？园主回答，现在天气干燥，不适合害虫生存。又因葡萄树种植稀疏，不易传染虫害。防虫工作一做好，就没有顾虑了，不必预防。

砵酒是怎么做成的呢？这是我迫不及待想知道的问题。传说，葡萄牙水手出海，带了大量红酒。为避免船只晃动而令红酒变坏，就在红酒里下大量的糖，由此产生了砵酒。

这根本是错误的观念。真正的砵酒，是不加糖的。那为什么是甜的呢？原来，砵酒的酿制过程和一般的餐酒是一样的，为了使餐酒中有酒精，葡萄汁不断地发酵，酒精才制造出来。

最初发酵出来的酒都是甜的，像我们的糯米酒，甜度很高。此时，砵酒制作人在酒中加了烈酒。这么一来，发酵过程停止，酒停留在高糖分的状态，这才放进橡木桶中去醇化。

醇化过程当然越久越好，故有十年、二三十年的砵酒出现，过程就是那么简单。有些老酒醇化得像白兰地，又香又浓，变成琥珀色，人间美味也。

砵酒的最佳搭档无疑是葡萄牙的软芝士了。

我们来到离里斯本不远的乡下，看最古老的软芝士的制作过程。

先到花园中，找一种紫色的花。一撮撮像针那么小的花朵，底部是白的。将白的部分切去，只留紫色的。晒干之后，颜色还是那么鲜艳。

　　将这种花的干制品放入温暖的羊奶中，奶便会凝结起来。真是神奇！到底是谁想出这种方法来的呢？庄园主人说，这种做芝士的方法在古罗马时代已出现，大概是当年的人把羊奶放在紫花旁边，不小心让花朵落入羊奶而偶然发明出来的吧？

　　凝结起来的羊奶像豆腐。我在想，要是把这紫花加在豆腐浆之中，那么不用石灰也可以做出豆腐来吧？下次有机会一定要试试。

　　闲话少说，接着看制作过程。

　　用一个个的铁圈，把像豆腐的羊奶放进去。铁圈钻有小洞，让剩余的水分流出来，便成了一团团的软芝士原形了。

　　经过风干，芝士便制成了。这时，芝士的外皮已略硬，变成了容器。用刀切开上层的一圈，掀掉盖，就可以用汤匙舀软芝士来送酒。

　　那么繁复，能大量生产吗？庄园主人说，当今已没人用这种古法，只有他肯承继传统，但是政府认为不合卫生管理局的准则，不给他发生产牌照，现在还在申请。希望过一两年后能推出这种古法芝士来。

　　我听了颇为感动，拍拍他的肩膀，说一定支持他。年轻人大乐，把他藏的酒拿了出来："砵酒虽然好，但是这种马斯卡葡萄酿出来的酒才是最高级。"喝了一口，果然不错。我对马斯卡酒的印象一向好过砵酒，喝得大醉。

　　要了一圈软芝士，准备明天在归途飞机上吃。放在酒店中一晚，整个房间充满芝士味，一早就把它干掉了。要是把它带上飞机，那股味道可要把其他乘客臭死了。

第六章

匈牙利、捷克

波希米亚

新 的 一 天

我们的旅游美食节目的拍摄工作已近尾声，经过三个月的拍摄，终于来到了匈牙利。

飞往欧洲的多是夜间航班，这次去布达佩斯也不例外。深夜十一点多钟，乘"瑞士航空"先到苏黎世，从那里转机到布达佩斯。

空姐派了一张问卷给我，要我填写。我常遇到这种事，虽没有稿费，但从不拒绝。从一到十的评分的问题，由你选择。像"你觉得服务如何""机上食物又如何"我都给了五分。

瑞士人做事，跟他们制造的器具一样，不是特别炫目，也不十分耐用，名誉由"可靠"得来。他们一直保持着相同的水准。

吃的东西还不错。晚餐过后，我很幸运地能够呼呼入睡。睁开眼睛看表，还有四个小时才能抵达，坐起来看电影。

近年来，传记片大行其道，多为美国出品。这次在机上看到的传记片是由法国制作的，记叙歌手伊迪丝·琵雅芙（Edith Piaf）的一生。其导演手法、摄影、演技和故事都是一流的，拍得非常精彩，非一口气看完不可。

她一生唱了不少名曲。我们也许唱过她的《玫瑰人生》，但最令人感动的是她生涯最后阶段唱的《我无怨无悔》。

女主角从年轻演到老迈，天下没有多少人能像她那样演得惟妙惟肖的了。这部电影问鼎各种奖项绝对没有问题。但香港人对法国小调并不熟悉，看这类电影也许会感到枯燥，在香港上映怕是遥遥无期吧。

看完电影，吃一点面包和鸡蛋。我的小皮包中除了睡衣外，还有一两个杯面。只是觉得还没吃厌西餐，不必动用杯面。登机后即刻把时间校到目的地时间，尽量不看香港是几点。

一大早，飞机在瑞士苏黎世着陆。从苏黎世迅速转机，抵达布达佩斯。瑞士人做事的确那么精准，不早到也不迟到。

虽有时差，但感觉上是睡了一觉，翌日是新的一天。

古　城

　　到达布达佩斯，第一站先到古城。我们到一家百年老店
"Alabardos"（注：餐厅名）进餐。东西不错，叫满了一桌菜，
但是经过长途飞行，胃口还是不能完全打开，只是胡乱地吃了一顿，
没留下什么深刻的印象。

　　趁大家还在进餐，我一个人溜出来，到附近的古董店走一走。
我发现了不少有趣的烟灰缸，价钱也合适。匈牙利不像西欧诸国
那么高物价。
　　俯视整个布达佩斯，第一次来的工作人员都感叹，很少有机
会见到这么漂亮的都市。我说，晚上的布达佩斯更美，大家不太
相信。
　　我第一次来这个城市时是走陆路的，由奥地利驶上那条笔直
的公路，几小时后抵达布达佩斯，此时已是晚上。一路上所见的
宏伟建筑，令我哇哇地叫出声来。原来，东欧国家的城市，竟有
一个是这么好看的，当时我也不太相信自己的眼睛。

拍完一些杂景后，老友安东为我们安排了一辆马车，由一位他最欣赏的女马夫带我们去古城走了一圈。

忽然，他看到了"圣乔治豪华酒店"。这家酒店是几个月前开的，店主收藏了很多幅他的画。我们决定走进去看看。这不是早先的安排，是个惊喜。

酒店把古建筑装修成餐厅和公寓，里面还有厨房，很有品位，可让客人舒服地住上十天半个月。下次来古城，可以来这里好好地住上几天。

我们入住的是一间宽大的房间。两位女士已经笑嘻嘻站在门口欢迎我们。原来，她们是我二十五年前到访时，安东介绍我认识的两位少女。当然，她们也现在也上了年纪，但风韵犹存。她们现在开了家很有规模的时装模特公司，生活得很好。她们能在古城中买到一间房子，已是一个很大的成就。

不断地寒暄并不是我的个性。跟她们告别，再上马车，到下一站去。

这时，肚子已经开始感到饿了。安东带大家到了"宫德尔餐厅"（Gundel），这是全城最高级的一家餐厅。我们吃的是匈牙利名菜，气氛和味道好得不得了。

你要是到布达佩斯，千万不要错过这家餐厅。

鹅　　肝

在宫德尔餐厅，我们可以品尝到了鹅肝酱的四种不同做法。

鹅肝，在接下来的十多家餐厅都有出现。匈牙利人大量生产鹅肝，已有过剩之势。美国禁止食用法国鹅肝，说那种强压的饲养不人道，但对用同样方法生产的匈牙利鹅肝则不禁止，实在是双重标准。目前，连收入较低的法国人也吃起匈牙利鹅肝来。这个市场，今后也许会被后起之秀的中国抢去，但当今还是匈牙利称霸。

至于味道方面，你必须尝试过多种不同的，才能分辨出法国碧丽歌地区的鹅肝才是天下最好吃的。一般人绝对不懂得高低，只知道很贵。贪婪地吃一大块，就大声呼"好"，和吞鲍鱼一样，暴发户心态十足。

不过，第一次试，也不能去吃次货。劣质的鹅肝酱有一种尸体腐烂的味道，闻之骇人，容易导致品尝者以后不敢再去尝，由此也会失去一个美好的味道世界。

　　鹅肝味道的好坏与做法也大有关系。通常的做法是将它煎一煎就上桌。高级鹅肝浸在鹅油里面，就那么拿来煎没有问题。次等的鹅肝是真空包装的，取出之后以植物油煎之，一旦过火就很粗糙了。

　　因为鹅肝是越肥越好，所以要用甜的食材来中和。下大量草莓果酱煎炒，是种不错的吃法。冷食亦可。在甜酒中放鱼胶粉，待甜酒结成冻后取出，切成小方块，铺在鹅肝上面。

　　最豪华的吃法当然是慕扎医生教的：取一个饼皮，周围贴上鹅肝片。高级蘑菇炒好垫底。用果酱煎好鹅肝，放在蘑菇上面。最高一层则以黑松露铺之，盖上饼皮，拿到焗炉焗一焗。上桌切块食之。

　　配以白酒亦可，但"老饕"们喜欢以法国苏玳甜酒佐之。高胆固醇加上高糖分，虽不健康，但美味之极。

　　匈牙利鹅肝较法国的便宜，他们酿造的甜酒也不贵。匈牙利的产酒区托考伊（Tokaj）就是我们的下一站。

托 考 伊

"Tokaj"念为"托考伊",是一个产酒区,距布达佩斯有三个小时的车程。

这个地区的葡萄酿出来的甜酒,也通称为"托考伊",像法国的苏玳区产的甜酒一样。酿制的方法也与苏玳区的甜酒相同:所选葡萄是最甜的品种,等它成熟透了,在树上晒成干,然后一粒粒摘下来。花的时间要比一般餐酒多出数倍来。

用这种糖分很高的葡萄酿出来的酒,香浓无比。通常,一棵葡萄树出产的葡萄只能酿制一小杯葡萄酒,价钱当然极高。

因为安东的关系,我们被招待到当地最好的酒庄去,品尝年份不同的佳酿,参观地窖中的藏酒。只可惜现在是夏天,葡萄未成熟,否则摘下这种天下最甜的果实来吃,以广东人的话来说"发达了"!下次有机会秋末再来吧。园主用一个玻璃吸管,从橡木桶中抽出一壶酒来,倒入杯中让我试。这个阶段的红白餐酒都酸

得要命，但是"托考伊"却新鲜得像果汁，美味无比。试酒，一般试完后要吐出来，但这次我"咕噜"一声吞入肚中。

酒精浓度有十几二十度，喝多了也会醉人。我们在小丘上找到一个亭子，在阳光下继续试酒。

二〇〇三年的，色泽较淡，和一般白酒差不多，味道还是带一丁点的酸。二〇〇〇年是葡萄最好的年份之一，酿出来的法国甜酒被评为 100 分。托考伊地区的，也至少有 97 分。接下来开的是一九九三年的，色泽已经像蜜糖了。塞子一拔开，香味扑鼻，是我试过的酒中最好的之一。

最后，再开一杯精酒——世界上糖度最高的酒。女士们喝了都大叫"醉了醉了"，但园主说这种酒的糖度高到不能发酵出酒精，其实已不算是酒了。原来，感觉也是能醉人的。

饭后再到托考伊小镇上一游。小镇只有五千人，比法国小镇朴实得多，开满了鲜花。气氛，也同样能够醉人。

太　极

晚上，我们和安东去了一家他最喜欢的餐厅，叫"祖母与南施"（Nancsi Neni），吃的是最地道的匈牙利菜。

跟马赛的"布耶佩斯海鲜汤"一样闻名，来到匈牙利，非试他们最具代表性的"顾拉殊汤"（Goulash）不可。这是一道用牛肉和大量蔬菜熬出来的浓汤，只有在当地最好的餐厅吃，才对得起自己。那种美味令我觉得，单单为了这道汤来匈牙利一趟，也值回票价。

其他菜也精彩。我们在匈牙利享受到的服务是：第一，菜上得快；第二，绝对没有法国餐厅的那种傲慢。

当晚，安东将他的朋友乔治介绍给我认识。乔治开钱庄，资金雄厚，一生除了收藏名画之外，最爱美食了。他说他将开一家餐厅，就在菜市场旁边，要把所有的匈牙利"古早菜"都重现出来，听得我直流口水。可惜，这次是吃不到了，期待下个月带旅行团来的时候再去试试。

饭后，我们去了乔治的家。乔治家中挂着多幅安东的作品。通常，我们拍旅游节目，很少有机会到当地人家里做客。我们已到过模特儿的家，又去了乔治家里，再下来还可以到安东的老家。走进家里了解匈牙利人的生活，这是件好事。

乔治的女儿才十六岁，长得亭亭玉立，是个业余模特儿。

"你舍得吗？模特儿生活很辛苦的呀。"杨峥问乔治。

他也够坦白，向杨峥道："比起穷人家的女孩要去当妓女，当模特儿已幸福得多。"

已经疲惫不堪了，回到酒店泡了一个热水澡。望着那张大床，仿佛看到一大块云朵。四季酒店以他们的床铺著名，我躺了下去，一秒钟也不到，已睡得不省人事。如果能够熟睡，两三个小时已经足够。清晨五点多，天已亮。

是写稿的时候了。头脑并不清醒，即刻耍几招太极拳。近来向袁绍良老师学了几招，的确管用。虽然连花拳绣腿的地步也达不到，但是作为撰写前的热身运动，一流。

照　　顾

"我们去'Szazeves'（注：餐厅名）！"安东说。

名字好熟悉。我问："是什么样的餐厅？"

"二十五年前，我们一起去的那家呀！"

想起来了，这是典型的东欧餐厅：罗姆人狂奏音乐，波希米亚气氛十足，食物地道。

跟二十五年前一样，我刚坐下就把五种不同的烈酒干掉了。

"口渴死了，来点啤酒吧！"安东建议。

"啤酒好喝，但是要一直上洗手间，掺了烈酒才行。"

说完，我示范给众人看：拇指和食指提起大啤酒杯，中指和无名指夹着烈酒的小玻璃杯，小指顶住玻璃杯底。将烈酒举到啤酒杯沿上，慢慢注下，口顶着啤酒杯，一口口喝下。这么一来，酒精浓度高了，也不必因喝太多啤酒而跑洗手间了。

安东看了大乐，练习了几次，成功。酒一杯又一杯，已不记得吃了些什么，只知道吃了大量的鹅肝、肉和酸菜。

第二天，我们到了安东的老家。我还清楚地记得，他家是间两层楼的屋子，父母亲住在楼下。安东年轻，当然常常夜归，为了不扰到老人家，自己一手一脚地搭了一座楼梯，从屋外直上二楼的卧室。

当年，他的父母特地为了我举办一个欢迎派对，亲朋好友大吃大喝，屋内烧着火炉，外面下着雪。饭后大家一起走出花园，在地上踩踏，看谁先发现雪中藏着的酒，谁先找到酒就归谁。

火炉依旧，安东的父母则垂垂老矣。他们看到我，上前紧紧拥抱："谢谢你，照顾我们的儿子。"

中国人的感情较为含蓄，不会直接表现出来。西方人想到什么做什么，我较为欣赏。

我也不客气地说："你们当我是儿子，我当安东是兄弟，当然互相照顾了。"

生　　活

　　"应该去拍一下布达佩斯的风景名胜。"工作人员建议，"别老是吃，吃，吃。"

　　我并不反对。虽然我们拍的是饮食节目，但有点风景来点缀，也是好事。不过，如果我自己旅游的话，最讨厌的就是去看名胜。

　　古迹被报纸、杂志、电影拍了又拍，已人人耳濡目染。现在，大家再也不是一群很少出门的人，即使活在穷乡僻壤，名胜也会不断地在电视荧光屏中播完又播，不再稀奇。

　　看旅游节目的观众也许会感兴趣，但一心吃吃喝喝的人，无论是长城还是金字塔，都与他们无关，他们只想知道下一餐吃些什么。举一个最典型的例子：我带一群"老饕"到日本，和大家来到一个乡下。我指着某处说："这是徐福带着三千童男童女登陆的地方。"

　　大家看了一眼，回头问我："蔡先生，这附近有没有超级市场？"

　　不过，名胜也是可以"生活"的，一"生活"就有了感受。什么叫"在名胜中生活"？不是走马观花，用手机拍几张照片算数。

　　生活，是细微观察，掌握些历史背景或小故事说给伴侣听，但也不必仔细到某年某日。有强烈的求知欲的话，尽可以到大学修史学去。

　　我们先到古城去。从皇宫的前院俯视下来，有山的那边叫"布达"，平原的一边叫"佩斯"，中间流着的是多瑙河。河上有一个小岛，叫玛格烈岛。玛格烈岛遍布绿茵和大树。我从来就没见过树干那么粗的法国梧桐，树龄至少有数百年。

　　生活，就是要用手摸摸这棵树。生活，就是要铺一块布，坐在草地上野餐。

　　野餐完后，我们在连接布达和佩斯的桥上散步，桥上有石狮。据说，雕刻家刻了狮子后才发现忘记雕它们的舌头，因此自杀。

　　把这典故融入，就是"在名胜中生活"。

温　　泉

　　除了吃东西、看名胜之外，我们还去泡温泉。最初，我的知识储备不足，以为有火山的地方才会有温泉，匈牙利的温泉大概是将矿泉水煲热的吧？后来才知道，这里的泉源靠近地球中心，喷出的水温高达一百多摄氏度。

　　由罗马带来的洗浴文化，经土耳其人发扬光大，成为现今最流行的玩意儿。布达佩斯一共有一百二十多个温泉泉眼，处处可见写着"SPA"的标志牌。

　　最大的一个温泉叫塞切尼（Szechenyi），就在市中心，雄伟得像一座皇宫。花园中的温泉，大得像一个奥运会用的游泳池，男女老幼都在其中嬉水。

　　陪我去参观的女子叫"宝石"，一个匈牙利人取了一个中国名字。她的普通话讲得比广东人还标准，说是在北京念了六年书。

　　她问我："一块儿泡？"

"不了。"我摸头，"我泡温泉，习惯不穿衣服的。"

"不穿衣服？怎么可以！"她惊叫了起来。

东欧人到底比北欧人保守。如果丹麦或芬兰有温泉，大家早就脱光光去泡了。

匈牙利的温泉通常分几个池子，低温的可以长时间泡，我看到有些老者还在池浅处下棋呢。虽没"池中喝酒"那么风流，但也显闲逸。

"最好的温泉在盖雷尔特（Gellert）酒店里。"安东的好友兹华克先生说。

"临时决定去，怎么会得到准许？"我问。

"包在我身上。"他说。

他即刻打电话，安排好一切。在匈牙利，他很吃得开。

盖雷尔特酒店是座巨大的石雕古建筑，已成为当地地标。虽然酒店失修，但旁边的温泉浴室古色古香，简直是件艺术品。

我问："为什么没人买下来整顿一下？又有好温泉，一定会吸引高级游客。"

兹华克先生笑道："这家酒店属于一个九流机构，你想要买的话，也要连他们其他一百家九流的旅馆一起买。谁肯呢？"

归　　途

　　在布达佩斯十天的旅行很快就过去了。能在一个城市住上那么久，是件幸事，比两三天的走马观花不知要好多少倍。

　　这些天，我们也去过一些小镇，还找到了一家叫"火龙"的餐厅。大厨最拿手的是烟熏鹅肝。鹅肝的花样这几天试了很多，就是没吃过这种做法。

　　师傅拿出一个铁盒。铁盒有两个急救药箱那么大，里面有个架子。把木屑放进去就能熏东西了，简单得很。

　　"这是匈牙利厨具吗？"我问。

　　"不。"师傅说，"我在芬兰看到的，很管用，就带了一个回来。"

　　鹅肝用高汤煮熟，熏三分钟，送入冰箱冰冻，再切片上桌。这样处理的鹅肝，味道独特，又没那么油腻，是可口的。

　　"是去芬兰旅行吗？"我问。

　　师傅说："有个客人来我这里吃东西，觉得味道好，问我有没有兴趣去他们的餐厅表演。我说，你寄两张机票来，我就即刻上路。"

"下次请你来香港表演？"

他点头："做厨师的，一定要和别人多交流才行。"

除了拍摄名店，工作人员也要选餐厅自己吃饭，有时会有意外惊喜。我们到过一家很不起眼的餐厅，看到餐牌上有骨髓汤，即刻点来试。

一个大盘子之中，摆了粗壮的牛腿骨，用锡纸包住，方便客人拿起来。另有一根铁叉，如果骨髓搞不出时可以用它通一通。

从来没有吃过这道菜。长长的牛骨之中流出很多骨髓，非常肥美，比吃意大利的烩小牛腱过瘾得多。

用那么多的骨头熬出来的汤当然好喝。用它来蘸面包吃，已是完美的一餐。

归程，大家都买了些手信（指人们出远门回来时捎给亲友的小礼物），物有所值的当然是鹅肝罐头。这些罐头只有法国商店售价的十分之一。

"托卡伊"甜酒，便宜得令人发笑，年份最老的也不过一千多港币罢了，在法国绝对买不到。

波希米亚

从布达佩斯到布拉格，乘飞机只要五十分钟。机场还是旧旧的，到布拉格市中心只需半小时车程。

一路上看到的房屋多是很有年代感的，像鸽子笼一样，丑陋得很，但一进到市区，所有名胜都令人叹为观止。

布拉格的中心像布达佩斯一样，隔着一条河。

"那是不是多瑙河？"团友问。

导游解释："这叫'维他瓦河'（Vltava），和多瑙河完全不搭界。它很凶，时常泛滥。多年前曾发过一次大水，比平常的水量多了三十五倍，把所有的地铁都淹没了，造成了大灾难。"

与布达佩斯的铁链桥类似，这里也有一座古桥，叫"查尔斯桥"（Charles Bridge）。桥是用岩石堆成的，十米宽、五百二十米长，桥上塑着二十八座铜像，建于 1357 年。非常幸运的是，这座桥未受天灾人祸的破坏，屹立至今。

　　桥上禁止汽车行驶。去查尔斯桥上散步，是所有到布拉格的人必做的事，我们也不例外。桥上摆着许多卖纪念品的小摊，也有穷困的艺术家替游客画肖像。

　　我们入住的四季酒店就在桥边，可惜不像布达佩斯的，这个酒店面向河的房间不多。书桌上摆着四本当地作家的小说和三张CD，文艺气息浓郁。

　　是的，别忘记，我们已经来到了波希米亚。

　　波希米亚人热爱自由，喜欢音乐、文学和绘画。他们尽情享受欢乐的人生哲学，影响了"疲惫的一代"，进而发展成"嬉皮士运动"。但是，这一类人始终遭到专权者、宗教和奸商的迫害。波希米亚这个地名，已从地球表面被抹掉了。当今存在的，只有精神罢了。

吃　　的

　　我到过的餐厅，我点的菜及上桌的次序，都是经过精心设计的。对捷克的食物，我是有点信心的。捷克虽然没有什么蜚声于世的名菜，但好餐厅还是有的。

　　旧城中"蓝鸭"（Blue Duck）是间百年老店，装修得古色古香，墙上布满壁画，食物有很高的水准。怪不得这家餐厅能吸引欧洲各国的元首前来用餐。光顾过这里的还有歌手菲尔·科林斯（Phil Collins），演员汤吉斯和尼歌洁曼，文学家阿瑟米拉等。桌旁有张照片，面孔很熟，是杨紫琼的。

　　"V Zatisi"（注：餐厅名）则是新派餐厅，墙壁用堆积的书本来装修，带文艺气息，得到了"米其林"的推荐。吃的东西并不是讨厌的"混种菜"，富有传统，只是分量少了一点罢了。这家餐厅最出色的菜品是烩鹌鹑。

　　晚上去吃烧全猪。餐厅准备了两只，我怕不够吃，又多叫了

两只。吃得大家叫饱时，又上了烤羊肉、烤鹅肉。众人都说，今后再也不吃烧烤的东西了。餐厅名字叫"Lions Court"。

　　三顿西餐下来，不得不安排一次中餐。我去了一家叫"China Fusions"（注：餐厅名）的。名字听起来恐怖，去了一看，没有花花绿绿的俗气装修，朴素的摆设，却显出品位来。一连吃了十几道菜，都很像样，于是请大厨出来见见。原来，掌勺的是两位从吉林来的师傅，大家拍掌赞好。

　　临走，又去了古迹中的"Obeeni Dum"餐厅。一进餐厅像到了十八世纪，气派万千。最后的那道牛排，我调换为捷克的传统食物烤猪手。大家把自己的那份猪手吃得精光，我则打包回去当飞机餐。

　　我们看餐厅的酒单，发现陈年佳酿竟然那么便宜。大家除了在现场喝，还一瓶瓶买回去，几乎扫光了他们的存货。

　　餐厅开在市中心最古老的一座建筑物中，很值得一看。如果不吃饭，到隔壁去喝一杯咖啡也是好的。

第七章

美食路上

理想皇宫

手杖的收藏

此次巴黎之行，最大的收获莫过于买手杖了。我收藏的手杖大致来自伦敦的"James Smith & Sons"（注：店名）、京都的"手杖屋"和东京的"Takagen"（注：店名）。

我以为意大利会有很多手杖专卖店，结果找遍罗马和米兰都不见。之前去过巴黎多次，但那还是对手杖没有兴趣的年代。这回又去，眼界大开。

友人庄田在巴黎学做甜品，知道我喜欢手杖，便常常在古董集中地寻找。我这次来巴黎，古董市场没有营业，却意外找到一家叫"Galerie Jantzen"的店。走进店去，俨然走进一家手杖博物馆。

店里只有一位妇人。起初大家不熟悉，保持着距离，后来交谈起来，即刻知道是可以互相沟通的。她将大抽屉从柜中一层一层拉出来，每层有上百枝手杖，应有尽有。

首先，要弄清楚自己想要的是哪种类型的。手杖当然分粗大类（绅士用的）和细小类（淑女用的），细小的手杖也有男人用，

但那是拿来装饰的。有的手杖还用鲸鱼须来装饰，不明说的话真的看不出是用什么做的。

在手杖最盛行的十九世纪末二十世纪初，男人一天要换三根手杖：早上拿全木手杖散步；傍晚持银质杖头的手杖；晚宴所持手杖，其手柄必然是用黄金打造的。

从埃及的图坦卡蒙（Tutankhamun），到亨利八世、路易十三，再到拿破仑、华盛顿，大家都喜欢手杖。受此影响，从贵族到平民都爱上了手杖，各式各样的手杖一一出现，种类数之不清。

早年，妇女们用的，大多是《十四女英豪》中佘老太君用的龙杖，与身齐高。也许一开始只是一根普普通通的木棍，但人类就喜欢做一些与众不同的工具，艺术由此产生。

最先想到的当然是饮食。有的手杖一摊开，即刻变成一张小桌子，从中可取出刀叉、酒壶、杯子来。开餐酒塞子的手杖更不能缺少，已有成千上万种。最奇妙的是，杖头可以变成胡椒粉壶口。还有一枝手杖可伸出尖刺，方便采树上的果实。

　　吃得太饱，就要运动。高尔夫球棍的手杖已太普通。有的手杖可以从中取出马鞭，有的可以取出一张网来捕捉蝴蝶。

　　用来钓鱼的手杖就更多了，手杖内有各种鱼钩、鱼叉、渔网。打猎的也不少，当然包括铅弹枪和气枪，枪类手杖数之不尽。刀类手杖也很多。这些手杖都已经算是武器，拿着这些手杖是不能通过海关的，已不在我的收藏范围之内了。

　　座类的手杖也许对我这个阶段更有用。打开后是张三角形椅子的最普通，也有打开后是圆形、长方形椅子的。更有一枝手杖，打开后是一张中空的椅子，方便屁股有毛病的人坐。

　　城市绅士用的手杖品种最多。有的将一个精美的名牌怀表装在杖头上；也有放吸烟工具的手杖，比如放香烟的、雪茄的、烟丝的、鼻烟壶的，里面当然有种种打火机。我看中了一个"朗臣"的，却被告知是用来抽鸦片或吸大麻的，还是不购为妙。

　　具有望远镜功能的，我已有神探波罗（Poirot）用的那枝，但店里藏的手杖要精美得多，有的还可以当成万花筒来玩。我看上一根双眼镜、单眼镜和放大镜三合一的镶金手杖，但被告知已售出，只有关照老板娘替我再找。

　　有摄影功能的手杖不少，有的还可以抽出三脚架来。有一根手杖不是摄影用的，一窥之下，才知道里面都是"春宫图"。当年的绅士相当会玩。

　　八音盒手杖售价高得不得了，每一枝手杖状态良好，打开后会奏出各种名曲。小提琴手杖、吉他手杖、笛子手杖和箫手杖，应有尽有。有一枝手杖一抽出来，竟然是个铁架，原来是给乐队指挥用来放乐谱的。

还是烛光手杖好玩，里面有火柴、蜡烛、反光器，当然也有手电筒。说到好玩，游戏用的手杖最多，可用来玩骰子、飞镖、吹镖，甚至当作桌球杆。

还是和我职业有关的有趣，手杖里藏了稿纸、钢笔和墨水。有一枝大手杖，整枝是铅笔。最精美的手杖，可从杖筒中抽出整套的水彩画具。

淑女的手杖则有扇子、化妆箱、香水壶等功能。

偏门一点的，还有当作矿石凿子的手杖。

我买了又买，但要怎么装回香港？上次选了一个"日默瓦旅行箱"（RIMOWA），但嫌太重。这时，店主的妈妈走进店，原来她才是专家中的专家。她妈妈回答："用一个塑料的好了，很轻，用来装双筒猎枪用的那种。"

她妈妈还送了我一本她写的关于手杖的书。我这才发现，店里关于手杖的书也不少，买了又买。

店主问："花那么多钱买书，合不合算？"

"介绍专门知识的书，能找到，已很便宜。"我回答。

走出店外，母女两人相送。我用了《北非谍影》中的一句对白："我相信，这是一段美丽友谊的开始。"

理 想 皇 宫

如果你去法国南部的普罗旺斯玩，别忘记到一个叫"Hauterivers Drome"的小镇去看看"理想皇宫"。

"理想皇宫"并非什么宏伟的皇殿，只有二十六米长、十四米宽、十二米高罢了。它的样子像儿童在海滩上建的沙堡，幼稚、笨拙，但的确是一座看了让人毕生难忘的作品，比许多著名的教堂、皇宫都出色。

那是一个从未学过美术的邮差，一手一脚建起来的，总共用了三十三年的时间。

有一天，这个叫 Facteur Cheval 的邮差，在送信途中踢到一块石头。这块石头很像中国画里的祥云，样子很奇特。当晚，他做了个梦，那块石头变成了一座皇宫。翌日，他便发誓把这个梦变成现实。

在一百多年前，大家都当他是一个傻子或疯子。邮差无视他人的嘲讽，捡来一块块石头，收集一个个贝壳，就那么砌起来。一天又一天，一年又一年。起先，他白天送信，晚上才来砌。退休后，他全身心投入进来，没日没夜地进行建筑。

当时，最欣赏他的是一个帮他用三轮车推石的工人。他说："建这座'皇宫'的是一个普通的老百姓，看他完成这座"宫殿"，就知道人类的伟大。一心一意想完成些什么，都能做到。我为他推石头推了二十七年，觉得这一生没有白过。"

"皇宫"的设计完全出自邮差一人的想象。他塑造出来的动物，四脚并排，没有透视学的概念，反而像古代壁画一样，很有美感。

夏天来看这座建筑最美了，打了灯，像走入一个童话世界。因为邮差大多是在晚上建筑的，所以夜里看这座"皇宫"效果才更好。冬天来看也会很好玩，落上雪，犹如蛋糕。

邮差死后想葬在这里，但是村里的人都反对，将他埋在了公墓里。邮差不能和毕生心血同眠，是件憾事，但他对艺术的贡献，却是不能被夺取的。

"和尚袋"流浪记

在普罗旺斯一家古堡餐厅吃过难忘的一餐，酒足饭饱，忘记了一切，包括那个黄色"和尚袋"。

直到一伙人到了下一站，我才发现"和尚袋"不见了。不愿麻烦大家走回头的冤枉路，心中却暗暗叫苦。袋中有名贵的手表，有信用卡，还有最重要的电子记事簿。少了那个记事簿，与许多朋友的美好回忆就随风消逝了。

打电话去古堡餐厅询问，餐厅经理说："恭喜你，找到了。我们会用邮包寄到你下一程住的旅馆，请放心。"

那种自豪的语气令人舒服。我没有考虑去办信用卡停卡服务，也不是很在乎手表、现金等身外物，只要将记事簿寄回来，我已心满意足。

到了里昂，连住三个晚上。我天天问酒店前台有没有收到包裹，看到的只是摇头。

在里昂，我有一个医生朋友，通信通了三十年，从没见过面。他是女友的旧情人，为我们维持联络。因为这个女友居无定所，到处流浪。没有记事簿找不到人，的确令人懊恼。

离开里昂时包裹还没收到。后来得知原因：餐厅经理没用"速递"寄出。一路上和里昂的酒店联络，待邮包到后，请他们寄给我。这次他们说是会用"速递"，待我到了巴黎的酒店，邮包绝对会寄到。

巴黎有航空展，我们中间要换旅馆，当邮包到达时，我们已转到了另一家，结果还是没看到其影踪。我打电话到最新的酒店，千叮咛万嘱咐，如果收到邮包一定要收起来好好保管。

邮包终于到达，但因为名字写错了一个英文字母，酒店柜台将邮包退了回去。这次我发火了，指着经理的鼻子大骂。第二天，经理派人到邮局将邮包取回，这才物归原主。打开袋子一看，东西完好，不失一件。

前后花了十五天。

我望着这个"和尚袋"说："辛苦了。"

254

偷　　拍

　　意大利政府很清楚他们最大的卖点是什么，重工业和新科技都不发达，只有城市景观可做生意。

　　所以，罗马的旧市中心不能建新屋子，粉刷油漆也得提前申请。如果像香港那么拆了建、建了拆的，早就没有游客来玩了。

　　看古迹是免费的，但是要拍摄的话，每个地方要几千到几万元港币。钱或许不是问题，但申请时间太长，往往逼迫摄影队只能偷拍。所谓偷拍，就是把摄影机藏起来，演员排好了戏，一二三，大家跑出来做一次，拍完即刻逃走，像无牌小贩一样。

　　正式的手续，除了正常推进之外，还得有个有力的中间人士去疏通。什么叫疏通？这是我们中国人最拿手的，大家都知道。

　　经疏通之后，政府还要看你的器材有多少，有没有保险等，手续冗长。拍摄私人住宅，也得申请。即便申请的是摄影队的停车准许证，也同样需要那么长的时间。

钱怎么算？以一英里计，每英里一千二百七十意大利里拉，约六元港币。别以为六港币很便宜，加起来是个天文数字。大家都哇哇叫救命时，意大利政府说："好，你们嫌申请麻烦，拍摄费又太贵，这样好了，我们整个罗马给你们拍。白天拍摄算你们一天八十万里拉，晚上一百二十万里拉，加收百分之二十的消费税。"

早上给四万港币，晚上给六万港币，还要加税。在1998年，这样的拍摄费给意大利政府带来十亿里拉的收入，他们当然笑啦。

不过，意大利人本性还是乐天的、散漫的，警察看到你在偷拍，只要你不用三脚架，他们也睁一只眼闭一只眼，到底会给足你面子的。

我们在偷拍时，也曾遇到警察，这时便赶紧叫几位女艺员去和他们去交涉。美人计，在什么地方都行得通。

骂　人

我们摄影队中有位收音师傅，一头长发，长得英俊，我们昵称他为"郑伊健"。

"郑伊健"一天到晚都是笑嘻嘻的，不管工作多辛苦，也没有其他表情。

今天，下楼吃早餐时见到一位很漂亮的日本女子，她是一家旅行团的领队。

"你怎么还不道歉？"她大发雷霆。

"到底是怎么一回事？"我插嘴。

她不停地大叫："你们吵了我们一晚上，整团人都睡不着！"

我们的摄影队，除了我，都是精力过盛的年轻人。他们一天工作十几个小时，但还不肯休息。喝酒猜拳，吵到人家睡不着，是会发生的事。

"她一打来电话，就叫我们收声（shut up），太没有礼貌！"

有人抗议。

　　"说什么也是我们不对，道歉算了。"我命令。

　　大家受了委屈，静了下来。

　　"这样吧。"我向那个美女说，"由我代表他们，向你说对不起。"

　　"不关你事！"她又大叫，"你走开！"

　　咦？好心好意地想平息风波，怎么叫我滚蛋？既然不领情，我也不理她了。

　　日本女人不断咒骂之后，还是找回我："我要他们道歉！"

　　叹了一口气。好吧，好吧，顺你意思去做。我叫摄影队的成员一个一个说"sorry"（对不起）。

　　轮到"郑伊健"，他笑嘻嘻地说了一声。

　　"这算是什么态度？"她歇斯底里地指着"郑伊健"的鼻子。

　　简直不可理喻。

　　我向李珊珊借了一面化妆镜，平心静气地向那美女说："你自己看看，你那副歪曲了的嘴脸。你父母生给你的脸孔，是这样的吗？"

　　那女的听了垂头丧气。骂人不带脏字，真痛快。

伞

　　人老了才会欣赏的物件，多数是英国货。

　　英国人的制品数百年一成不变，永不跟流行，但耐用度也是一生一世的。

　　家父每天用来刮胡子的，是泰勒（Taylor）公司的剃刀和毛刷，现在我也用它们。那么，这种就不止一生一世了，而一代传一代了。

　　我一向不喜欢在雨天打伞，但是如果找回那把"Brigg"（注：品牌名）的黑雨伞，我还是会爱不释手的。在伦敦毕加德利的老店中，售卖的多是狩猎用的衣服、皮具、马鞍、靴和鞭等。伞是副产品，但代表了该公司的信誉。

　　绝对不是一按钮就张开并可以折成半节的那种，"Brigg"伞黑漆漆的，完全是手动的。仔细观察它的纹理，便会发现收起来时一翼一翼，可以收得很瘦很长，拿起来像一枝手杖多过像一把雨伞。

　　布料选用的是质地很好的绢，雨大了也会有渗漏，不如尼龙质地的密实。也许，正是有了这种小瑕疵才是人类的产品，不然像是神的用具。

　　平时看纪录片，发现英国的皇亲国戚用的那把雨伞，也一定是"Brigg"的产品。

　　象征英国人的圆帽子和雨伞，前者已少有人戴，后者却未受时代影响。不管是晴天还是雨天，在大街上均可看到大把的"Brigg"伞。其他国家，一下雨，人们纷纷跑到便利店去买一把透明的塑料伞，十几到几十港币不等，用完即弃，丢了也不心疼。但每次撑这样的伞，做人总有一种寒酸的感觉，并不好受。风一吹来，整张塑料伞皮剥脱，只剩下像电视天线的鱼骨，样子更是滑稽。

　　我的那把"Brigg"伞，是一位老导演赠给我的，后来我把它转送给了一位年轻的朋友。他抿一抿嘴，并不懂珍惜。

　　为什么要等到变老才拥有可以用一生一世的东西？

　　人类是奇怪的动物。

伦敦雅德莉

是不是因为上了年纪，才喜欢上薰衣草的味道呢？其实我幼时已经每天接触薰衣草，家用的肥皂是"雅德莉"（Yardley）牌的，而"雅德莉"的产品都是以薰衣草油制成的。

"伦敦雅德莉"（Yardley Of London）开在"老邦德街"（Old Bond Street）。自 1770 年创办，经营至今，拥有英国女王徽章。

此店号称"以最豪华的薰衣草油制造肥皂"。用薰衣草油有什么了不起？其他公司的产品，用的只是薰衣草的叶子做出来的油（Spike Oil）罢了。"雅德莉"的薰衣草油，是将花朵经三次细磨后榨出来的，是最高级的。

但是，这种肥皂并不是很贵。当时，我的家庭并不富有，也能够用上，证明并非奢侈品。"雅德莉"肥皂在各大药行也都能买到。

薰衣草原产于地中海沿岸，英国的薰衣草是移植而来的，却自豪地称"英国薰衣草"。法国人也傲慢，称自己南部种的薰衣草为"法国薰衣草"，其实也不是本地产的。反正，我们黄种人闻不出有什么分别。

除了肥皂，"雅德莉"还出爽身粉。我小时候很讨厌爽身粉，认为爽身粉只是婴儿才用的，我已经长大，还用它做什么？况且，爽身粉一点也不"爽"，撒到身上后反觉得黏糊糊的，很不舒服。

从什么时候开始爱上薰衣草味的呢？在普罗旺斯旅行的那年吧！一片紫色，一望无际，传来一阵阵清香。也许，是因为喜欢上同行伴侣的原因吧！她也爱薰衣草。

最难用的当数"雅德莉"生产的发蜡，油绿绿的，绿得一点也不自然。不过，对当年流行梳"华伦天奴发型"的男士们来讲，那份优雅已不存在。

发蜡？年轻人听了哈哈大笑。

不过，总有一天，会有更年轻的年轻人出现。

他们说："发泥？"然后也哈哈大笑。

来 去 匆 匆

伦敦滑铁卢车站（Waterloo Station）的"Waterloo"，译名来自打败拿破仑的那场战役。香港也有一条同名的街，却被音译成"窝打老"。

其实"Waterloo"的原意应该是"水厕"。通常，我们在英国要去洗手间的话，会问人："Where's the loo?"。"Waterloo"以厕为名，当然不雅，但是叫成什么"滑铁卢""窝打老"，都非常滑稽。

正经一点，音译为"华特卢"，也没什么意义。"Waterloo"除了车站出名，还有一座桥。经典电影《Waterloo Bridge》被译为《魂断蓝桥》，我一向很喜欢。从此，听到这座桥绝对不会称之为"滑铁卢桥"。那个车站，如果改叫"蓝站"，就"罗曼蒂克"得多了。

"欧洲之星"（Eurostar）在"蓝站"的出口是另辟的，看不到历史性的大堂建筑，一走出来就是"的士"站。

　　和巴黎一样，从香港来的熟客，总会叫这儿的华人"的士"司机。

　　车子是七座的，费用较一般的贵。由伦敦前往剑桥要价一百九十英镑，加小费后二百英镑。普通的车，车费一百三十英镑，但只能坐四个人。

　　车程说是一个多小时，其实是骗人的。伦敦到处塞车，加之路况不佳，没有两到三个小时是到不了的。

　　英国什么都贵，不适合斤斤计较的人士去玩。乘坐一次"欧洲之星"就将近二千港币。

　　当然，也有更快更便宜的方法，那就是从"蓝站"换车到剑桥站，再乘"的士"到酒店。

　　但是，如果行程安排得很紧张，像我这次旅行，只有三个晚上，便宜的方法就派不上用场了。这次欧洲之行，前后在飞机上花了两天，实在是分秒必争。

土耳其安缦

　　"Aman"在梵语中是"和平"的意思，而"Ruya"是土耳其语的"梦"。安缦如雅（Amanruya）位于土耳其的爱琴海岸，一个叫博德鲁姆（Bodrum）的地方。

　　除了伊斯坦布尔，土耳其没什么值得去的地方。上次从希腊乘邮轮去土耳其，也到过一些乡郊，但都没留下什么印象。

　　这个博德鲁姆行吗？没来之前我做过详细的资料搜集，发现并不太有趣。由它的发音，联想到"Boredom"，即"讨厌、无聊、烦恼"。我们来这里的决定，到底有没有错？

　　当地已经有完善的机场。安缦一来建酒店，东方文华、迪拜的帆船酒店集团等，纷纷前来。沿着海岸走，能不停地看到五星级酒店的招牌。

　　安缦总是与众不同，绝对不是一眼就能看遍全貌。我们要经过小路，才能走入幽静的属于安缦的领地。到处种满了橄榄树。

正值五月，这是开花的季节。橄榄花很细小，沾在手上有黐黏的感觉，一点香味也没有。

主体建筑是奥斯曼帝国年代的设计，所有的墙都是用当地的赤泥混了大小石块砌成的，呈粉红色。这种粉红，并不悦目，也没红砖好看。

住宿当然是豪华舒适的。安缦从不叫"Room"（房间），而以洋亭或帐篷（Pavilion）称之，这一家则叫小别墅（Cottage），一共有三十六座。要经过花园小道、石墙、很大的私家游泳池才能到达客厅与房间。不想游泳的话，有个大阳台，摆着巨大的沙发让客人晒太阳。花洒设于花园中，浴缸在室内。大床有蚊帐，不过是用来装饰罢了。

吃东西的地方也有好几处，另有户外烧烤。找来找去，咦，怎么不见酒吧？原来，土耳其的这家安缦是不设的酒吧的，但到处可叫酒，就连那座三层楼的图书馆，也可以变为酒吧。这也是它的特色之一吧。

这里也没有大堂式的餐厅，在角落摆上一个大桌就变成私家宴客厅。我们包了一桌。当晚友人在这里庆祝生日，得好好安排。

小镇中的蛋糕店并不特别，于是在附近的东方文华酒店甜品部订了蛋糕。取蛋糕前，顺便去酒店的土耳其浴室泡澡。这里的浴室较外面的干净些。浴室里，有"男大汉"和"女大汉"分别为男女客人服务。以我的经验来看，土耳其浴比旧式上海浴室按摩擦背逊色得多，但就环境而言，土耳其的设计更好，有天窗、巨石、蒸汽，中国的浴室至今还未达到此种水准。

生日礼物也在酒店的小卖部买到了，是一套细致玻璃酒杯，一共有二十四个。在店里还看到一种很特别的酒杯，专门用来喝土耳其"土炮"拉克酒（Raki）的。酒杯像一个碗，有个穿洞的圆盖。打开盖，见碗内槽中有一圈冰，中间是给你放玻璃杯的。把酒倒入中间的玻璃杯中，这么一来，就算在炎热的天气，也能将酒保持冰凉。诸位若见到了这种酒杯，可以买回来当礼物，是独一无二的。

一切准备就绪。熄灯，蛋糕捧进来。吃完蛋糕跟着走进来三人乐队和一位肚皮舞舞娘。这倒是意外了。从前看过的舞娘都是上了年纪的，而且相当肥胖，这位舞娘又年轻又漂亮，小腹上一点赘肉也没有。

音乐开始，从舒缓到激烈。当舞娘全身摇晃得最厉害的时候，音乐骤然停止，她也一动不动，唯见小腹的肌肉不断地收缩。这才是技艺的高峰，这才叫肚皮舞。

酒店的饭吃厌了，可到海边的小镇去，那里有家叫"Orfoz"的海鲜餐厅。老板叫 Caglar Bozago，他做了很多鱼虾蟹的刺身给我们吃。他们的海鲜饭不像西班牙的那么大分量，取一个小平底铁锅做出来，一人一份。你也可以多叫几种，大家分来吃。

老板想去日本学做寿司，问我有什么途径。他不懂日语，正规料理学校是去不成的，我给他推荐了可用英语上课的"东京寿司学院"（Tokyo Sushi Academy）。

博德鲁姆附近有很多罗马古迹，规模并不大，无聊的话可以到处走走。最多人去的市郊古堡是最没有意思的，走一圈就可以回来。小城里也尽是些骗游客消费的纪念品，次货居多，吃个土耳其冰激凌就走吧。可惜，土耳其冰激凌也并不好吃，连我这个"冰激凌痴"也只尝了一口就扔进了垃圾桶。

如果你是个"安缦痴"（Aman Groupie），那么为了"收集"安缦，也可到此一游，不然绝对不值得来。跳开土耳其安缦，去邻近的希腊安缦（Amanzoe）吧，那才是安缦皇冠上的宝石。

希腊安缦

希腊安缦和土耳其安缦，其实只隔了一个海湾，乘船去的话应该不远，但我们绕道，先飞到希腊首都雅典，再从机场乘三个小时的车抵达。

路途也不闷，经过一条叫科林斯的运河（Corinth Canal）。游客可以在高处俯望运河，简直是运河将山峰劈开的感觉。两岸的峭壁垂直，把萨罗尼克（Saronic）和科林斯（Corinth）两个海湾连接起来。运河完全由人工挖掘，不知经过多少世纪，终于在 1881 年完成。运河有六千四百米长，七十米宽。

由于大邮轮通不过，加之进入"飞行年代"，这条运河已失去它的价值，一切都变成了"白费"，当今只用于游客观赏。站在上面看，可感受到人类改造自然的力量。人胜天，天也用时间来消灭人的欲望，像埃及的金字塔。

车子继续走，经山谷、海岸、丛林，零零星星地可看到一些民居，

再走进弯弯曲曲的山道。坐车坐到屁股有点痛时，问司机到了没有？到了没有？到底安缦在哪里？

"In the middle of no where。"司机说。

这句话无法翻译成中文，只能意解为"无人之地"。

安缦酒店一向给你这种感觉，尤其是在不丹旅行时，更让你走个半天也找不到。当然了，要清静的话，只有远离人群，走到意想不到的地方。

忽然，在一个望海的山坡上，出现了古希腊建筑：巨大的石柱，宏伟的建筑。只能在历史废墟中找到的神殿，却活生生地展现在你眼前，而且让你住进去。

"Aman"在梵文里是"和平"之意，而"Zoe"是希腊文的"生命"。安缦索伊度假村（Amanzoe）的设计师很巧妙地重现古希腊的建筑，但采用现代技术，用柱梁支撑着屋顶，中间没有墙壁，一切都透空。中间是巨大的水池，把建筑映成两个。藏在柱旁的是大型的液压机，一遇风雨按上掣，就能伸展出屏风来。

走进去，大堂、餐厅、酒吧似乎与水平线连接在一起。有个大露台，让大家三百六十度欣赏爱琴海的景色，全无遮挡。这么美的环境，是不应该有任何遮挡的。

我们抵达时已是黄昏。很难用文字来形容这里的黄昏，总之是与众不同。黄昏有多种，因为气层、地理及温度的关系，让这里的黄昏显得高贵。而且，黄昏的每一刻都在变化，蓝色、黄金、紫色，有云无云。我们在这里看了三天，三天都不同。这绝对不是夸大，只有亲身感受，才知道这是第一级的黄昏。

为了让客人看个饱，设计师造了一个和水池一般高的圆台，像一艘宇宙飞船伸进海边。台上零零星星有几张桌椅，先到先得。抢不到位子也不要紧，在大堂、餐厅和酒吧的各个角度观赏，都是同样美丽。

去这些地方的人，不是新婚，便是濒临死亡的（For The Newly Wed Or The Nearly Dead）。我是接近了后者的阶段。

我并不觉得可惜，只要让我感受到这些美景，一切已经不必多说了。

人活在这世上，总希望活得一天比一天更好。今天好过昨日，明天更加精彩。在奋斗了大半生之后，享受这些成果，一点也不过分。即便你是"含着银匙"出生的，来希腊安缦，你也会因这份宁静和这里的夕阳，而感动不已。

周围种满了橄榄树，地上是一片片的薰衣草，沿着小道便可以走到自己的房间。这里的套房别墅（Suite Resort）共有三十八座，相距甚远，不想步行的话有电动高尔夫车迎送。

当然，每间房都有巨大的私人游泳池，依山而建，又保留了原来的树木。花园外那棵老橄榄树至少有几百年了吧。经花园进入大厅，大厅和卧室是相连的。愈简洁愈透光，那张大床舒服无比。

可去泳池游泳，也可在花园中的大花洒下洗个澡，还可到房外晒太阳。这里的麻布大沙发看上去很高贵，还可舒服地躺在贵妃椅上。

来点文化，可到四壁是书的图书馆，或去酒店的希腊式开放剧场。剧场虽小，但音响传播效果是一流的。都不喜欢？去商店购物吧。当然，这里卖的比外边贵，但来到这里，你一定不会在乎的。况且，酒店的选择都是最好的。

大游泳池旁边也可以用餐。如果你觉得不够好，可以坐车到俱乐部会所（Club House），那里的泳池更巨型。再不然，就跳进清澈无比的爱琴海里吧。

爱好运动的人可以去私家网球场，或让别人帮你运动。这里的水疗（SPA）中心还有一个土耳其浴室，技师水平一流。当然，这里也有高科技的健身房和瑜伽室。

吃的多是海鲜，可以叫龙虾等早餐。但我还是最喜欢希腊式的饮品：将开心果、葡萄干、芝士和牛奶一起用搅拌机打出来，浓得像麦片，但不知比麦片好吃多少倍。

有钱也要会花才行。在这里有别墅出售，三房的、四房的任君选择，酒店会替你打理，你不在时帮你出租，房租各分一半。嫌路途遥远的话，可飞到雅典，从机场乘直升机，半小时内到达。在这里，你可以避开人群，避开"狗仔队"。因为任何陌生人一来，我们都可以从山上看到。

在这里买间房住住，才叫会花钱。